普通高等教育“十三五”应用型规划教材

测量实验实习教程

主　编　魏仲初
参　编　晏冲为　熊　恩

东南大学出版社
·南京·

内 容 简 介

本教程是测量学课程教学的配套辅助教材，旨在帮助学生巩固课堂所学理论知识，培养实际动手能力，增强野外测量工作中的基本技能。本书既可作为测量实验实习指导书，也可作为测量实验实习的教材使用。

全书分为四个部分，测量实验实习规定、测量实验、测量实习、测量计算中的有效数字。测量实验部分按基本实验、提高性实验安排实验内容，顾及基本技能训练和综合素质培养的有机结合。测量实习部分比较详细地介绍了经纬仪量角器图解测图和大比例尺数字测图两种方法。

本书可作为土木工程专业各方向和给排水、矿物资源工程、建筑学、城乡规划等专业的测量实验实习教材。其他开设本课程的专业也可根据教学内容、实验实习学时数及仪器设备条件选择相应实验实习项目。

图书在版编目（CIP）数据

测量实验实习教程／魏仲初主编. —南京：东南大学出版社，2017.7（2023.8 重印）

ISBN 978－7－5641－7344－9

Ⅰ.①测… Ⅱ.①魏… Ⅲ.①测量学—实验—实习—高等学校—教材 Ⅳ.①P2－33

中国版本图书馆 CIP 数据核字（2017）第 187413 号

测量实验实习教程

出版发行 东南大学出版社
社　　址 南京市四牌楼 2 号　邮编：210096
出 版 人 江建中
责任编辑 史建农　戴坚敏
网　　址 http://www.seupress.com
电子邮箱 press@seupress.com
经　　销 全国各地新华书店
印　　刷 南京京新印刷有限公司
开　　本 787 mm×1 092 mm　1/16
印　　张 8.25
字　　数 208 千字
版　　次 2017 年 7 月第 1 版
印　　次 2023 年 8 月第 6 次印刷
书　　号 ISBN 978－7－5641－7344－9
印　　数 7501~9000
定　　价 26.00 元

本社图书若有印装质量问题，请直接与营销部联系。电话：025－83791830

前　言

测量学是土木工程、市政工程、交通工程、矿物资源工程、建筑学、城乡规划等专业的必修课程。它是一门实践性强的技术基础课。测量实验与实习是测量学教学的重要组成部分，测量实验是与测量学课堂教学同步进行的实践教学活动，通过实验使学生进一步理解掌握测量仪器的基本原理和操作方法，以及高差、角度、距离和坐标等基本测量工作的原理与方法。测量实习是在学习测量学理论知识之后，集中一段时间进行的教学实践活动，是进一步巩固和深化课堂所学知识的实践环节，使学生掌握测量学基本理论、基本知识、基本技能。通过实习，建立小地区控制测量和大比例尺地形测绘的整体概念；培养学生理论联系实际和在实践中分析问题与解决问题的能力，以及实际操作技能。

本书分为四个部分。第一部分介绍了测量实验实习的一般规定；第二部分是测量实验，内容主要包括水准仪、经纬仪、全站仪、GNSS等测量仪器的使用，以及水准测量、角度测量、距离测量、坐标测量、导线测量等测量方法；第三部分是测量实习，详细介绍了大比例尺地形测图的方法与作业过程；第四部分介绍了测量中有效数字的概念及其运算。

本书由魏仲初任主编，晏冲为、熊恩参与编写。全书编写分工如下：晏冲为编写了实验2.13，实验2.17～2.19，实验2.24，实验2.26；熊恩编写了实验2.20，实验2.25；其余部分由魏仲初编写，全书由魏仲初负责总纂、修改、定稿。编写过程中，参考了部分测量实验实习教材及相关资料，谨此向相关书籍的作者致谢。

由于作者水平所限，书中缺点和错误在所难免，恳请本书的使用者批评指正，以便改进。

编者

2017年5月

前言

目　录

1 测量实验实习规定

1.1 测量实验实习的一般规定

(1) 实验实习前,应阅读教材有关章节及本书相应测量实验项目内容,认真做好预习,明确实验实习目的、要求、内容、操作步骤、记录计算及注意事项。

(2) 实验实习时,学生应认真听取教师对该次实验实习方法与要求的讲解和布置,再以小组为单位,到实验室办理仪器申领手续,领用时检验仪器、工具是否完好。实验实习结束后办理归还手续。

(3) 实验实习应在规定的时间和指定的场地内进行,不得无故缺席、迟到、早退,不得擅自改变地点或离开现场。

(4) 遵守"测量仪器用品借用规则",听从教师指导,严格按实验实习要求,认真、及时、独立完成任务。小组成员间应合理分工、密切配合、互相学习。

(5) 实验实习时应爱护校园内的各种设施和花草树木,确保人员和仪器设备的安全。

1.2 测量仪器工具操作规定

测量仪器是贵重的精密仪器,目前朝着电子化、数字化方向发展,功能日益先进,价格也更加昂贵。对测量仪器的正确使用、精心爱护和科学保养是测绘工作者的基本素质和能力,也是保证测绘成果质量、提高工作效率和延长仪器使用年限的必要条件。因此,在测量工作中应严格遵守测量仪器工具的操作规定。

1) 测量仪器工具的借用

(1) 以小组为单位,凭学生证到实验室办理测量仪器和工具借用手续。

(2) 按照本次实验或实习项目的要求借用仪器和工具。借用时,应当场清点检查仪器工具数量,保证数量齐全,实物与清单相符,器件完好,如有缺损,需进行补领或更换。

(3) 搬运前,应检查仪器箱是否锁好;搬运时,必须轻取轻放,避免剧烈震动和碰撞。

(4) 实验实习结束后应及时收装清点仪器工具,清除仪器工具上的泥土,特别是钢尺,应擦净涂油,以防生锈,再送归实验室检查验收。

(5) 仪器设备若有丢失或损坏,应写出书面报告说明情况,进行登记,并按有关规定进行赔偿。

2) 仪器的安置

(1) 先架设三脚架,再开箱取仪器。

(2) 打开仪器箱,先看清仪器在箱中的安放位置,以免装箱时困难。

(3) 取出仪器时,先松开制动螺旋,双手握住支架或基座,轻放在三脚架上,随即一手握住仪器,另一手旋紧连接螺旋。

(4) 仪器安置后及时关箱,以免灰尘进入。严禁坐在仪器箱上。

3) 仪器的使用

(1) 仪器安置后,无论是否操作,必须有人看护,以防被路人或车辆碰撞。

(2) 望远镜不得对准太阳,以免灼伤眼睛。在阳光下观测,应撑伞防晒,雨天不应观测;对于电子仪器,在任何情况下均应撑伞防护。

(3) 转动仪器部件时应有轻重感,不得在没有松开制动螺旋的情况下强行转动仪器部件。使用微动螺旋时,应先旋紧制动螺旋,制动螺旋应松紧适度,微动螺旋不应旋到顶端。使用各种螺旋都应均匀用力,避免损伤螺纹。

(4) 水准尺、花杆等木制品不可受横向压力,以免发生弯曲变形,不得坐压或用来抬仪器,更不可当标枪棍棒玩耍。

(5) 钢尺使用时,不得扭曲、踩压和让车辆碾压;移动钢尺时,不得着地拖拉。

(6) 仪器附件和工具不应乱丢,用毕后放在箱内或背包里,以防丢失。

(7) 仪器发生故障时,应及时向指导教师或实验室工作人员报告,不得擅自处理。

4) 仪器的搬迁

(1) 若距离较远,仪器必须装箱锁扣,专人小心搬运,避免震动。

(2) 短距离搬迁,可将仪器连同脚架一起搬动。但应精心稳妥,均匀收拢脚架,一手托住仪器,一手抱住脚架稳步行走,防止碰撞。

(3) 迁站时应带走仪器箱、工具及附件,防止丢失。

5) 仪器的装箱

(1) 装箱前,先将仪器脚螺旋调至中段等高位置,清除灰尘,套上物镜盖,松开各制动螺旋。一手握住仪器,一手松开连接螺旋,双手握住仪器。

(2) 仪器按正确位置装箱,试关箱盖,确认稳妥后,放入并检查附件工具是否齐全,关箱上锁。

1.3 测量记录与计算规定

(1) 必须采用 3H 硬铅笔直接记录在规定观测记录表格的相应位置,不得记录在其他纸张上,然后誊抄转录,严禁伪造数据。

(2) 记录表格上规定填写的项目应现场填写完整齐全,不得遗漏或事后补填。

（3）观测者读数后，记录者应立即回报读数，经确认无误后再记录，以防听错、记错。

（4）记录应清晰整洁，不得涂改擦拭或挖补。记录数据如有差错，可将错误数字用斜线划掉，同时将正确数据写在原数字上方。

（5）禁止连环更改。如已修改平均数，则不得更改参与计算该平均数的任一数据；若已更改一个原始数据，则也不得更改平均数。如两个读数均错，则应重测重记。

（6）原始数据的尾数不得更改。如水准尺读数的毫米位、度盘读数的秒位，不得更改。

（7）读数和记录数据的位数应齐全，不得省略零位。如水准尺读数 0943、度盘读数 85°02′06″中的 0 不能省略。

（8）数据计算时，数字进位按照“四舍六入，单进双不进”的原则进行凑整。如 1.649、1.151、1.350、1.850 等数据，若取一位小数，则分别应为 1.6、1.2、1.4、1.8。

（9）每站观测结束，应在现场进行计算检核，发现结果超限应立即重测，确认合格后方可迁站。

2 测量实验

实验项目由教师在实验前通知，学生应提前预习，明确实验目的、内容及实验步骤。实验分小组进行，原则上4人一组，但应根据实验具体内容及仪器设备条件灵活安排，以确保每人都能得到观测、记录、绘图等环节的训练。

实验时应做好现场记录，并进行必要计算。若实验结果不符合要求，应及时补做。实验结束后上交观测成果及实验报告。

2.1 水准仪的认识与使用

2.1.1 [实验目的]

(1) 了解DS3微倾式水准仪的基本构造，各部件的名称、作用与使用方法。
(2) 掌握DS3水准仪的安置、粗平、瞄准、精平与读数方法。
(3) 练习水准测量测站的观测、记录与计算方法。

2.1.2 [实验计划]

(1) 验证性实验，实验时数2学时。
(2) 每组4人，观测1人，记录1人，扶尺2人，轮流交替进行。
(3) 每组在实验场地任选两点，放上尺垫，每人改变仪器高度后，分别测出两尺垫间的高差。

2.1.3 [实验仪器与工具]

(1) DS3微倾式水准仪、自动安平水准仪及脚架各1，水准尺2，尺垫2，记录板1。
(2) 自备计算器1,3H铅笔1。

2.1.4 [实验步骤]

1）仪器认识

了解仪器基本构造，各部件名称和作用。

（1）安放三脚架。选择坚固平整地面张开三脚架，使架头大致水平，高度适中；三条架腿开度适当，将三条架腿的脚尖踩牢于土中，使脚架稳定。

（2）安置仪器。打开仪器箱，双手取出仪器，放在三脚架架头上，一手握住仪器，一手旋转脚架中心连接螺旋，将仪器固连在三脚架架头上。

（3）仔细观察仪器。仔细观察仪器的各个部件，熟悉各螺旋的位置、名称和作用，试着旋拧各个螺旋，以了解其功能。

2）水准仪的使用

（1）粗平。粗平即粗略整平仪器，通过旋转水准仪基座上的三个角螺旋，使圆水准气泡居中，仪器竖轴大致铅直，从而使望远镜视准轴大致水平。在整平过程中，脚螺旋旋转方向与圆水准气泡移动方向的规律是：用左手旋转脚螺旋，气泡移动方向和左手拇指移动方向一致；用右手旋转脚螺旋，气泡移动方向和右手拇指移动方向相反，如图 2-1 所示。将望远镜水平转动180°，检查圆水准气泡是否仍然居中，否则重新整平。

（2）瞄准水准尺。首先进行目镜对光。将望远镜对准一明亮背景（如天空或白色明亮物体），转动望远镜目镜调焦螺旋，使望远镜内十字丝影像非常清晰。再松开制动螺旋，用望远镜上的瞄准器（照门、准星或粗瞄器）瞄准水准尺，然后旋紧制动螺旋。从望远镜中观察，转动望远镜物镜调焦螺旋，使水准标尺影像清晰。再旋转水平微动螺旋，使十字丝竖丝位于水准尺中心线上或水准尺的一侧。观测员眼睛在目镜端上下移动，观察水准尺影像是否与十字丝有相对移动。若有，说明存在视差，这时应再仔细调节目镜和物镜对光螺旋，直到水准尺影像与十字丝无相对移动为止。若视差无法完全消除，则眼睛应平视读数。

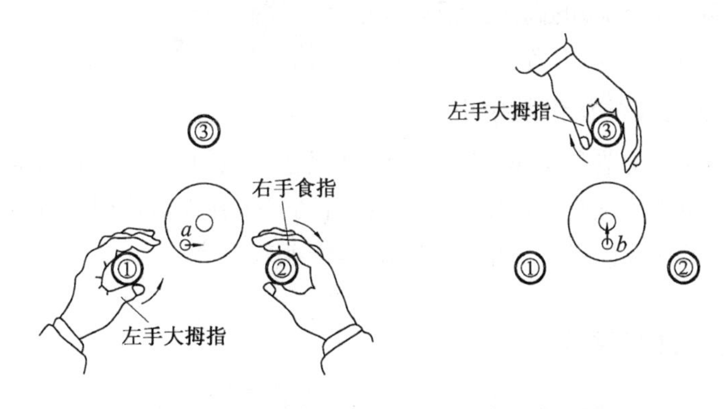

图 2-1　圆气泡移动方向与脚螺旋转动方向关系

（3）精平。从符合气泡观察窗内观察水准管气泡，旋转微倾螺旋，使气泡两端半像严密吻合，此时视线水平。注意转动微倾螺旋要徐徐而进，不宜过快；微倾螺旋转动方向与符合气泡左侧影像移动方向一致，如图 2-2 所示。

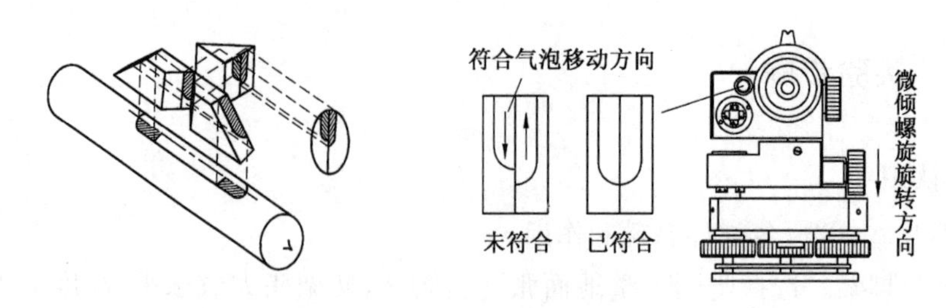

图 2-2　利用符合气泡精平视线

(4) 读数。仪器整平后立即用十字丝的中丝在水准尺上读数。读数应根据水准尺刻划按从小到大的原则进行。先估读水准尺上的毫米数，然后报出全部读数。读数一般为四位数，即 m、dm、cm、mm，如图 2-3 中读数分别为 1 608 及 6 295；读数应迅速、果断、准确。读数后应立即查看符合气泡两端半像是否仍然吻合，若吻合则读数有效，否则应重新使符合气泡两端半像吻合后再读数。

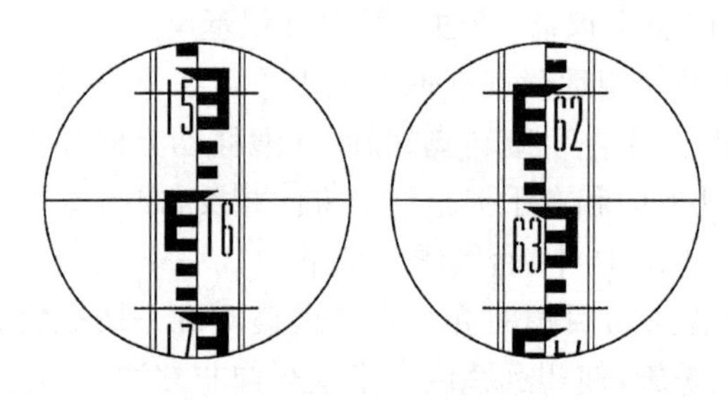

图 2-3　水准尺读数

3）测站水准测量练习

在地面上选定两点，分别作为后视点和前视点，放上尺垫并在其上立尺，在距两尺距离大致相等的点上安置仪器，按粗平、瞄准后视尺、精平、读数，再瞄准前视尺、精平、读数。改变一次仪器高度，再次观测两点间的高差。记录数据并计算高差。

一人完成后，其他人重新安置仪器进行观测，所测测站高差之差不应超过±5 mm。

4）自动安平水准仪的认识及使用

自动安平水准仪的构造和操作与微倾式水准仪基本相同，与微倾式水准仪比较，自动安平水准仪没有水准管和微倾螺旋。仪器粗平后，在自动安平补偿器作用下，可迅速获得视线水平时的读数。自动安平水准仪操作简单，无需精平，作业效率高。

2.1.5 ［实验注意事项］

(1) 仪器安放到三脚架上须立即将中心连接螺旋旋紧，以防仪器从脚架上掉下摔坏。

(2) 开箱前应先看清仪器放置位置，以及箱内附件情况，取出仪器后应随手关箱。

(3) 仪器螺旋不宜拧得过紧，微动螺旋只能拧到适中位置，不宜过头。

(4) 自动安平水准仪一般为正像望远镜，读数前无需精平，但应检查补偿按钮以判断补偿装置是否有效。

2.1.6 [上交资料]

表 2-1 识别下列部件并写出它们的功能

序号	操作部件名称	功　　能
1	照门和准星	
2	目镜调焦螺旋	
3	物镜调焦螺旋	
4	制动螺旋	
5	微动螺旋	
6	微倾螺旋	
7	脚螺旋	
8	圆水准器	
9	管水准器	

表 2-2 水准测量记录表

日期_______年___月___日　天气_______　　观测者_________

仪器编号__________　　记录者_________

测站	点号	水准尺读数(mm)		高差(m)	备注
		后视	前视		

2.2 普通水准测量

2.2.1 [实验目的]

(1) 掌握普通水准测量测站上的操作程序和水准路线的施测方法。
(2) 掌握普通水准测量的观测、记录、检核、高差及其闭合差的计算方法。

2.2.2 [实验计划]

(1) 综合性实验,实验时数 2 学时。
(2) 每组 4 人,观测 1 人,记录 1 人,扶尺 2 人,轮流交替进行。
(3) 每组完成一条闭合水准路线的观测、记录、高差闭合差调整及高程计算工作。

2.2.3 [实验仪器与工具]

(1) DS3 微倾式水准仪及脚架 1,水准尺 2,尺垫 2,测伞 1,记录板 1。
(2) 自备计算器 1,3H 铅笔 1。

2.2.4 [实验步骤]

(1) 拟定施测路线。在教师指导下,选定一已知点作为高程起算点,记为 BM_A,选择有一定长度、一定高差的路线作为施测路线,共由 4 点构成,另 3 点为待定点,测站数以 6～8 站为宜。

(2) 第一站施测。以已知点 BM_A为后视,在其上立尺(后视尺),在路线前进方向上的适当位置选择第一个立尺点(转点 1,记为 TP_1)作为前视点,在 TP_1 处放置尺垫,尺垫上立尺(前视尺)。将水准仪安置在与后、前视点距离大致相等处(步测确定),按粗平、瞄准后视尺、精平、读数 a_1',记入记录表中对应后视栏;转动望远镜瞄准前视尺、精平、读数 b_1',记入记录表前视栏相应位置。

(3) 计算高差。$h_1' =$ 后视读数 $-$ 前视读数 $= a_1' - b_1'$,将结果记入高差栏。

(4) 改变仪器高度,升高或降低仪器 10 cm 以上,重新安置仪器,重复步骤 2,再次读取并记录后、前视尺读数 a_1''、b_1''。计算并记录第二次高差 $h_1'' = a_1'' - b_1''$。

(5) 检核两次高差之差,不应大于±5 mm,计算平均高差 $h_1 = (h_1' + h_1'')/2$。否则重测。

(6) 仪器迁至第二站。第一站前视尺保持不动相应变为第二站的后视尺,第一站后视尺移动到转点 2 上,变为第二站的前视尺,仪器迁至转点 1 和转点 2 的等距离处安置。按第一站施测方法进行观测、记录、计算、检核。

(7) 按以上程序依选定的水准路线次第施测，直至回到已知点 BM_A 为止，完成最后一个测站的观测、记录。

(8) 成果检核及高程计算。计算路线闭合差，$f_h = \sum h_i \leqslant \pm 12\sqrt{n}$。式中 n 为路线测站数。若闭合差超限，应先进行计算校核，若非计算问题，则应进行返工重测。若闭合差符合要求，则调整闭合差，并计算待定点高程(统一假定已知点 BM_A 高程为 50.000 m)。

2.2.5 [实验注意事项]

(1) 立尺员应认真立尺，不要立倒。尺子应立直，不应前后或左右倾斜。并用步测方法，使各站前、后视距离基本相等。

(2) 正确使用尺垫，尺垫必须放在转点处，并应踩实，已知高程点和待定高程点上不得放置尺垫。

(3) 同一测站，只能粗平一次(测站重测，则应重新粗平)；但每次读数前，均应检查符合气泡是否居中，并注意瞄准时消除视差。

(4) 仪器未搬迁时，前、后视点上尺垫均不得移动。仪器搬迁时，前视点的尺垫不得移动，后视点的尺垫由立尺员连同水准尺一起携带前行。

2.2.6 [上交资料]

表 2-3　水准测量记录表

日期________年____月____日　天气________　　　　观测者____________

仪器编号____________　　　　　　　　　　　　　　记录者____________

测站	点号	水准尺读数(mm)		高差(m)	平均高差(m)	高程(m)	备注
		后视	前视				

续表

测站	点号	水准尺读数(mm)		高差(m)	平均高差(m)	高程(m)	备注
		后视	前视				
检核	$\sum$						

说明:通过“合并单元格”方法,消除打“×”的单元格线划。

表 2-4　水准测量成果计算表

点号	测站数	观测高差(m)	改正数(mm)	改正后高差(m)	高程(m)
$\sum$					

2.3　水准仪的检验与校正

2.3.1 ［实验目的］

(1) 理解水准仪轴线应满足的几何条件。

(2) 掌握 DS3 微倾式水准仪的检验与校正方法。

2.3.2 ［实验计划］

(1) 验证性实验,实验时数 2 学时。
(2) 每组 4 人,校正 1 人,记录 1 人,扶尺 2 人,轮流交替进行。
(3) 每组完成 1 台 DS3 微倾式水准仪的检验与校正工作。

2.3.3 ［实验仪器与工具］

(1) DS3 水准仪及脚架 1,水准尺 2,尺垫 2,皮尺 1,校正针 1,小螺丝刀 1。
(2) 自备计算器 1,3H 铅笔 1。

2.3.4 ［实验步骤］

1) 一般性检视

安置仪器后,先检查:仪器外表有无损伤,三脚架是否牢固,仪器转动是否灵活,各螺旋是否有效,光学系统是否清晰,有无霉点。

2) 圆水准器的检验与校正

检验:安置水准仪,调节脚螺旋使圆气泡居中。旋转照准部 180°,观察圆气泡是否偏离中心,若偏离,说明条件不满足,需要校正。

校正:调节基座脚螺旋,使气泡退回偏离量的一半,用校正针稍微松开图 2-4 中位于圆水准器底部中心的固定螺丝,然后拨动固定螺丝周围的 3 个校正螺丝,使气泡居中。此时,圆水准器轴与竖轴平行,均处于铅垂状态。

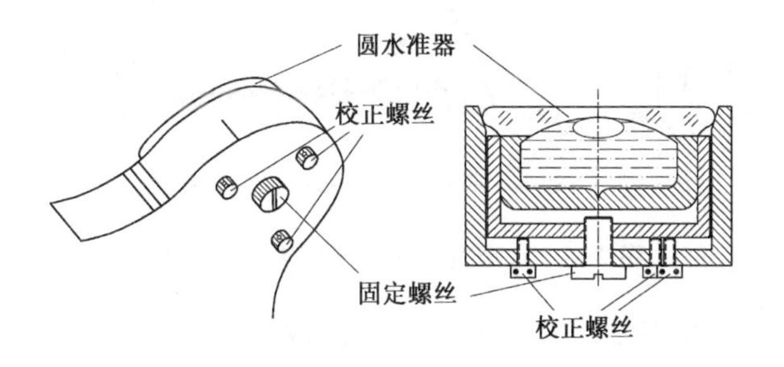

图 2-4 圆水准器校正螺丝

3) 十字丝中丝的检验与校正

检验:整平仪器后,用十字丝交点照准远处一明显标志点,旋紧制动螺旋,再旋转微动螺旋,使望远镜视准轴绕竖轴沿水平方向转动。如图 2-5 所示。转动中如果标志点始终在中丝上移动,说明关系正确;反之,如果标志点偏离中丝移动,则表明中丝不垂直于竖轴,需要校正。

校正:旋下十字丝护罩,用小螺丝刀松开图 2-5 中 4 个十字丝压环螺丝,然后缓慢转动十字丝分划板,使中丝与标志点相切,最后重新拧紧十字丝压环螺丝。

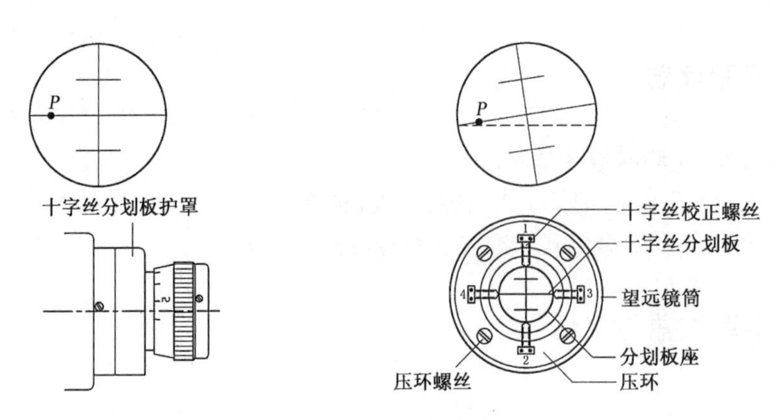

图 2-5　中丝的校正

4）水准管的检验与校正

检验：检验仪器水准管轴与视准轴是否平行。在平坦场地上选定相距约 80 m 的 A、B 两点，打入木桩，并钉入小圆钉。

(1) 如图 2-6 所示，在 A、B 两点中间安置水准仪，使两端距离相等(用皮尺丈量)。采用变动仪器高法两次测定 A、B 间的高差 $h'_{AB}=a'_1-b'_1$ 和 $h''_{AB}=a''_1-b''_1$，若两次高差之差不大于 3 mm，取平均值为正确高差 h_{AB}。此时即使水准管轴不平行于视准轴，导致 A、B 两点标尺产生的读数偏差 x，也会因两端距离相等而相等，因而高差不受读数偏差的影响。

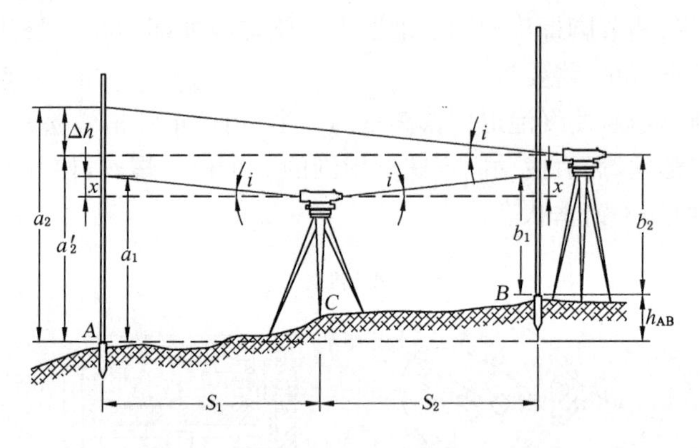

图 2-6　水准管轴平行于视准轴的检验

(2) 将水准仪搬至距 B 点 2～3 m 处，精平后读取 B 点标尺读数 b_2，由于仪器距 B 点很近，i 角引起的读数偏差几乎可以忽略，故认为 $b_2=b'_2$。根据 b_2 和高差 h_{AB} 算出 A 点标尺水平视线读数为 $a'_2=b_2+h_{AB}$。然后，精平并读取 A 点标尺读数 a_2。如果 $a_2\neq a'_2$，说明条件不满足，存在 i 角

$$i=\frac{a_2-a'_2}{D_{AB}}\cdot\rho'' \tag{2-1}$$

当 i 角大于 20″时，需要校正。

校正：旋转微倾螺旋，使十字丝横丝对 A 点标尺读数为 a'_2，此时视准轴水平，但水准管气泡不居中。先用校正针拨动如图 2-7 中水准管一端的左右两个校正螺丝，再拨动上下两个校

正螺丝，使偏离的气泡重新居中，最后旋紧校正螺丝。

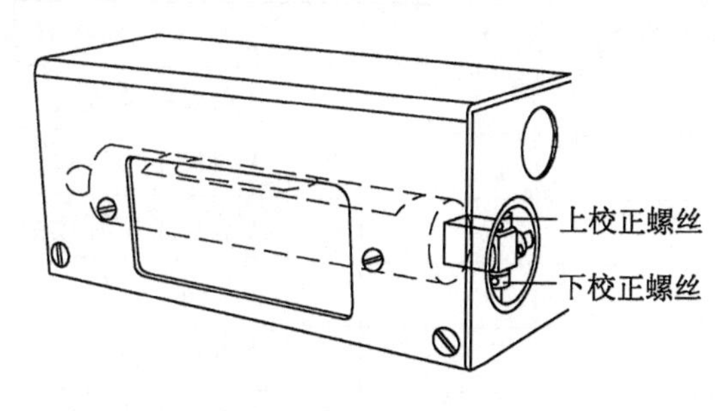

图 2-7 水准管的校正

2.3.5 ［实验注意事项］

(1) 水准管的检验与校正顺序应按本实验步骤的顺序进行，不得随意改变。

(2) 拨动校正螺丝，应先松后紧，一松一紧，用力不宜过大。校正螺丝不能松动，应处于稍紧状态。

(3) 以上检验和校正都应反复进行，直至符合要求为止。

2.3.6 ［上交资料］

表 2-5 水准仪检验与校正记录表

日期________年____月____日 天气________ 观测者____________

仪器编号____________ 记录者____________

(1) 一般性检视

仪器外表有无损伤，脚架是否牢固	
仪器转动是否灵活，螺旋是否有效	
光学系统有无霉点	

(2) 圆水准器轴平行于仪器竖轴的检查

转动 180°检查次数	气泡偏离数(mm)

(3) 十字丝中丝垂直于仪器竖轴的检查

检查次数	固定点偏离中丝是否显著

(4) 水准管轴平行于视准轴的检查

仪器在中点求正确高差		
第一次	A 点尺上读数 a_1'	
	B 点尺上读数 b_1'	
	$h_{AB}' = a_1' - b_1'$	
第二次	A 点尺上读数 a_1''	
	B 点尺上读数 b_1''	
	$h_{AB}'' = a_{AB}'' - b_{AB}''$	
平均	平均高差 $h_{AB} = (h_{AB}' + h_{AB}'')/2$	

仪器在 B 点旁检验校正		
第一次	B 点尺上读数 b_2	
	A 点尺上应读数 $a_2' = b_2 + h_{AB}$	
	A 点尺上实际读数 a_2	
	$i = (a_2 - a_2') \cdot \rho'' / D_{AB}$	
第二次	B 点尺上读数 b_2	
	A 点尺上应读数 $a_2' = b_2 + h_{AB}$	
	A 点尺上实际读数 a_2	
	$i = (a_2 - a_2') \cdot \rho'' / D_{AB}$	

2.4 DJ6 经纬仪的认识与使用

2.4.1 [实验目的]

(1) 了解 DJ6 光学经纬仪的基本构造,掌握其主要部件的名称、作用与使用方法。

(2) 练习 DJ6 光学经纬仪的对中、整平、瞄准、读数。

(3) 学会用经纬仪测量水平角的方法、步骤及记录计算。

2.4.2 [实验计划]

(1) 验证性实验,实验时数 2 学时。

(2) 每组 4 人,2 台仪器,每台仪器 2 人。1 人观测,1 人记录,轮流操作及记录。

(3) 在实验场地选定一测站点,选择 2 个目标点,每人独立进行对中整平、瞄准、读数,并学习用测回法观测水平角。

2.4.3 [实验仪器与工具]

(1) DJ6 经纬仪及脚架各 2,标杆及标杆架各 2~4,记录板 2。

(2) 自备计算器 1,3H 铅笔 1。

2.4.4 [实验步骤]

1) DJ6 光学经纬仪认识

安置仪器,了解仪器的基本构造及各部件的名称、作用。

经纬仪安置包括对中和整平。对中方法有两种，垂球对中和光学对中，本实验采用垂球对中法安置。

(1) 对中

在地面画一十字标记，对中是使水平度盘中心和地面标志中心位于同一铅垂线上。

首先根据观测者身高调整三脚架腿长度，张开后安置在测站上，使架头大致水平，高度适中，架头中心初步对准地面标志。然后取出经纬仪置于三脚架架头上，旋紧中心连接螺旋，挂上垂球，使垂球尖接近地面点位，挂钩上的垂线应打活结，以便随时调整垂线长度。如果垂球中心偏离测站点较远，可平行移动三脚架使垂球大致对准地面标志，并用力将脚架踩入土中。如果还有较小偏离，可伸缩 3 个架腿高度将仪器大致整平(使圆气泡居中)，再稍稍松开连接螺旋，然后双手扶住仪器基座，在架头上移动仪器，使垂球尖精确对准地面标志，再将连接螺旋旋紧。垂球对中误差应小于 3 mm。

(2) 整平

整平的目的是使竖轴铅直，水平度盘水平。

① 转动仪器照准部，使照准部水准管平行于任意两个脚螺旋的连线，如图 2-8 所示，双手向里或向外等量旋转平行于水准管的两个脚螺旋，使气泡居中，注意气泡移动方向与左手拇指的移动方向相同。

② 转动照准部 90°，使照准部水准管垂直于原来两个脚螺旋的连线，旋转第三只脚螺旋，使水准管气泡居中。

整平过程一般应反复进行，直至照准部旋转到任何位置，水准管气泡都居中。角度观测过程中，气泡中心偏离水准管零点不应超过 1 格。

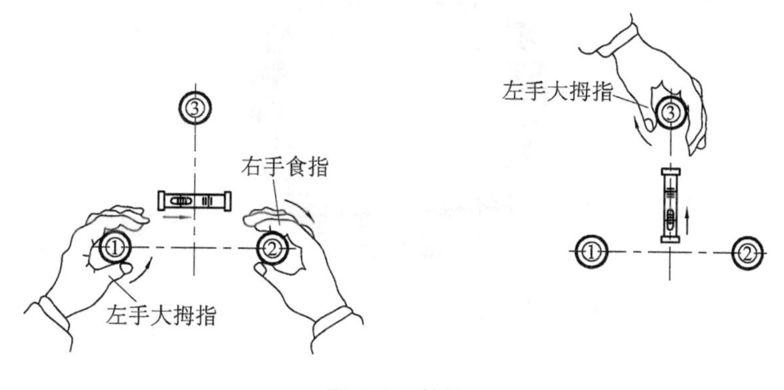

图 2-8　整平

仪器安置后，观测仪器照准部、水平度盘、基座，以及各部件，熟悉各螺旋位置、名称，并试旋拧各螺旋，了解其功能。

2) 经纬仪的使用

安置仪器后，练习瞄准和读数。

(1) 瞄准

① 目镜调焦。松开仪器水平制动螺旋和望远镜制动螺旋，将望远镜对向明亮背景(如白色墙壁)，转动目镜调焦螺旋，使十字丝最为清晰。

② 粗略瞄准。用望远镜上方的粗瞄器对准目标，然后拧紧水平制动螺旋和望远镜制动

螺旋。

③ 物镜调焦。旋转物镜调焦螺旋，使望远镜视场中的目标影像清晰。

④ 精确瞄准。旋转水平微动螺旋和望远镜微动螺旋，使十字丝交点精确对准目标点。观测水平角时，可用单丝中分目标，也可用双丝来夹准目标，如图 2-9 所示。

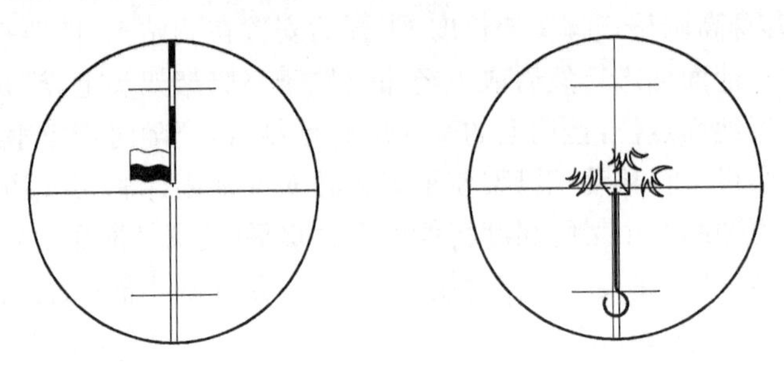

图 2-9　照准标志和瞄准

(2) 读数

打开反光镜，调整开度及开向，使读数窗亮度适中。然后进行读数显微镜调焦，使读数窗分划线清晰。

根据读数显微镜视场内标记为“H”读取水平度盘读数(标记为“V”为竖直度盘)。先读取分微尺上度盘分划线的“度”数，然后从分微尺上读取该度盘分划线的“分”数，估读至 0.1′。如图 2-10 中水平度盘读数为 214°54′42″(214°54.7′)，竖直度盘读数为 79°05′30″(79°05.5′)。

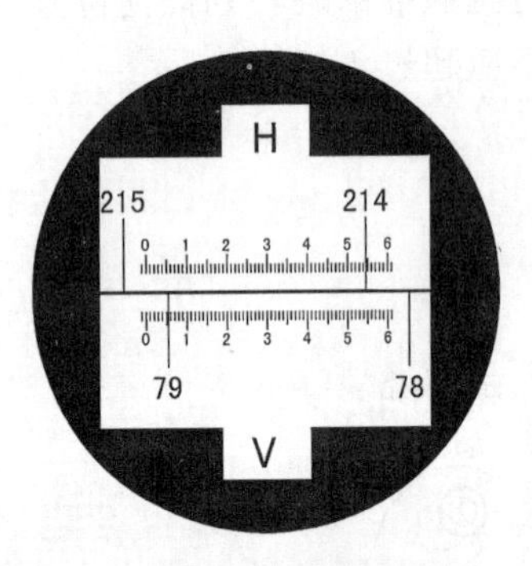

图 2-10　读数窗

3) 角度测量练习

(1) 观测

① 盘左(垂直度盘位于望远镜左侧)瞄准左目标 A，固定照准部，拨动度盘变换手轮，使水平度盘读数略大于零，读取水平盘读数 L_A，记入记录表。

② 松开水平制动螺旋，顺时针转动照准部，瞄准右目标 B，读取并记录水平盘读数 L_B。

③ 纵转望远镜，盘右瞄准右目标 B，读取并记录水平盘读数 R_B。

④ 逆时针旋转照准部，瞄准左目标 A，读取并记录水平盘读数 R_A。

(2) 计算

上半测回角值

$$\beta_L = L_B - L_A \tag{2-2}$$

下半测回角值

$$\beta_R = R_B - R_A \tag{2-3}$$

一测回角值

$$\beta = \frac{1}{2}(\beta_A + \beta_B) \tag{2-4}$$

一人完成后，另一人移动脚架，重新对中、整平，同法观测同一角度，每人测一测回。

2.4.5 ［实验注意事项］

(1) 对中时，应细心体会两手各执一架腿移动时，架腿移动和架头倾斜及位置关系。两腿移动，则架头平移；一腿摆动，则架腿倾斜。

(2) 用十字丝竖丝瞄准目标时，若目标影像较宽，大于双丝宽度的 2/3，宜用单丝中分目标；若目标影像较窄，小于双丝宽度的 1/2，宜用双丝夹准目标。

2.4.6 ［上交资料］

表 2-6 识别下列经纬仪部件并写出其功能

序号	操作部件名称	功　　能
1	物镜调焦螺旋	
2	目镜调焦螺旋	
3	照准部管水准器	
4	脚螺旋	
5	水平制动螺旋	
6	水平微动螺旋	
7	望远镜制动螺旋	
8	望远镜微动螺旋	
9	竖盘指标水准管微动螺旋	

表 2-7 观测读数练习

<table>
<tr><th rowspan="2">测站</th><th rowspan="2">竖盘
位置</th><th rowspan="2">目标</th><th>水平度盘读数</th><th>半测回角值</th><th>一测回角值</th><th>平均角值</th><th rowspan="2">备注</th></tr>
<tr><th>° ′ ″</th><th>° ′ ″</th><th>° ′ ″</th><th>° ′ ″</th></tr>
<tr><td rowspan="4"></td><td rowspan="2">左</td><td></td><td></td><td rowspan="2"></td><td rowspan="4"></td><td rowspan="4"></td><td rowspan="4"></td></tr>
<tr><td></td><td></td></tr>
<tr><td rowspan="2">右</td><td></td><td></td><td rowspan="2"></td></tr>
<tr><td></td><td></td></tr>
</table>

续表

测站	竖盘位置	目标	水平度盘读数	半测回角值	一测回角值	平均角值	备注
			° ′ ″	° ′ ″	° ′ ″	° ′ ″	
	左						
	右						
	左						
	右						
	左						
	右						

2.5 测回法观测水平角

2.5.1 ［实验目的］

掌握 DJ6 经纬仪测回法观测水平角的操作程序、记录要求和计算方法。

2.5.2 ［实验计划］

(1) 验证性实验,实验时数 2 学时。
(2) 每组 4 人,2 台仪器,每台仪器 2 人。1 人观测,1 人记录,轮流操作及记录。

2.5.3 ［实验仪器与工具］

(1) DJ6 经纬仪及脚架各 2,标杆及标杆架各 2～4,记录板 2。
(2) 自备计算器 1,3H 铅笔 1。

2.5.4 ［实验步骤］

在实验场地选择一点 O 为测站点，画上十字标记。另选择两点 A 和 B 作为目标。

1）安置仪器

经纬仪安置于测站 O，对中、整平。

2）观测

（1）一测回观测

① 盘左瞄准左目标 A，固定照准部，拨动水平度盘变换手轮，使水平度盘读数略大于零，读取水平盘读数 L_A，记入记录表。

② 松开水平制动螺旋，顺时针转动照准部，瞄准右目标 B，读取并记录水平盘读数 L_B。

③ 按式(2-2)计算上半测回角值。

④ 纵转望远镜，盘右瞄准右目标 B，读取并记录水平盘读数 R_B。

⑤ 逆时针旋转照准部，瞄准左目标 A，读取并记录水平盘读数 R_A。

⑥ 按式(2-3)及式(2-4)分别计算下半测回角值和一测回角值。

（2）其他测回观测

盘左瞄准左目标 A，固定照准部，拨动度盘变换手轮，依据测回数 n 及测回序号 i 使水平度盘读数略大于 $\frac{180^\circ}{n}(i-1)$，重复步骤(1)观测并计算水平角。

3）计算

各测回互差小于 24″时，计算角度平均值。

2.5.5 ［实验注意事项］

（1）瞄准目标时，尽可能瞄准底部，以减小目标倾斜误差的影响。

（2）测完上半测回后，准备观测下半测回时，不得再拨动度盘变换手轮。

（3）观测过程中，气泡偏离若超过 1 格，应重新整平仪器并重测该测回。

（4）计算半测回角值时，若左目标读数大于右目标读数，应将右目标读数加上 360°后再减左目标读数。

2.5.6 ［上交资料］

表 2-8 测回法水平角观测记录表

日期________年____月____日　天气________　　　　　　　　　　　　观测者____________

仪器编号____________　　　　　　　　　　　　　　　　　　　　　　记录者____________

测站	竖盘位置	目标	水平度盘读数	半测回角值	一测回角值	平均角值	备注
			° ′ ″	° ′ ″	° ′ ″	° ′ ″	
	左						
	右						
	左						
	右						
	左						
	右						
	左						
	右						
	左						
	右						
	左						
	右						

2.6 全圆方向法观测水平角

2.6.1 ［实验目的］

掌握全圆方向法观测水平角的操作程序、记录要求和计算方法。

2.6.2 ［实验计划］

(1) 验证性实验，实验时数 2 学时。
(2) 每组 4 人，2 台仪器，每台仪器 2 人。1 人观测，1 人记录，轮流操作及记录。

2.6.3 ［实验仪器与工具］

(1) DJ6 经纬仪及脚架各 2，标杆及标杆架各 2～4，记录板 2。
(2) 自备计算器 1，3H 铅笔 1。

2.6.4 ［实验步骤］

在实验场地选择一点 O 为测站点，画上十字标记。另选择 4 点 A、B、C、D 作为目标。

(1) 安置仪器于 O 点，瞄准起始方向(零方向)A，将水平度盘配置于略大于零，读取并记录水平度盘读数。

(2) 顺时针方向转动照准部，依次瞄准 B、C、D 各点，分别读取并记录各方向水平度盘读数。

(3) 为了检核，继续顺时针方向转动照准部，再次瞄准零方向 A，读取并记录读数，此次观测称为归零。零方向两次读数之差的绝对值称为归零差，归零差不应超过限值，否则立即重测，以上操作称为上半测回。

(4) 纵转望远镜至盘右位置，逆时针依次瞄准 A、D、C、B、A 各点，读取并记录水平度盘读数。如需观测几个测回，则每测回都重复以上步骤，各测回间仍按实验 2.5 配置水平度盘起始位置。

表 2-9 方向观测法的限差

仪器	半测回归零差(″)	一测回内 2C 互差(″)	同一方向值测回间互差(″)
J2	8	13	9
J6	18		24

(5) 全圆方向法计算步骤

① 计算 2 倍照准差(2C)。2C = 盘左读数 −(盘右读数 ± 180°)。式中,± 取号时,盘右读数大于 180°时取"−"号,小于 180°时取"+"号。按各方向计算并填入表中。方向观测法技术要求见表 2-9 规定,超限时应在原度盘位置重测。

② 计算各方向平均读数。平均读数 =[盘左读数 +(盘右读数 ± 180°)]/2,计算结果称为方向值,填入记录表中相应位置。起始方向有两个平均值,应将这两个值再次平均,所得结果作为起始方向的方向值,填入记录表中。

③ 计算归零后方向值。起始方向的归零值设为零,则其他各方向归零值是各方向的平均值减去起始方向的平均读数,所得结果填入记录表中相应位置。

④ 计算各测回归零后方向值的平均值。取各测回同方向的归零后方向值的平均值,作为该方向的最后结果。取平均值之前,应检查同方向各测回归零后方向值的差值有无超限,如超限则应重测超限测回。

⑤ 计算各目标间水平角值。将记录表中相邻两方向值相减即可求得,结果注于记录表中所绘略图的相应位置。

2.6.5 [实验注意事项]

(1) 零方向应选择远近适中、易于瞄准、成像清晰的目标。
(2) 每人应独立观测一个测回。测回应变动水平度盘起始位置。
(3) 各次观测时应照准目标的相同部位。
(4) 各测回中,水平度盘起始位置设定后,不得碰动度盘变换手轮。

2.6.6 [上交资料]

表 2-10 方向法水平角观测记录表

日期________年____月____日 天气________ 观测者____________

仪器编号__________ 记录者____________

测站	测回	目标	水平度盘读数		2C	平均读数	归零方向值	平均方向值	角值
			° ′ ″	° ′ ″		° ′ ″	° ′ ″	° ′ ″	° ′ ″

续表

测站	测回	目标	水平度盘读数		2C	平均读数	归零方向值	平均方向值	角值
			° ′ ″	° ′ ″		° ′ ″	° ′ ″	° ′ ″	° ′ ″

2.7 竖直角观测与竖盘指标差检验

2.7.1 [实验目的]

(1) 熟悉经纬仪竖直度盘的构造。

(2) 掌握垂直角的观测、记录、计算方法。

2.7.2 [实验计划]

(1) 验证性实验,实验时数 2 学时。

(2) 每组 4 人,2 台仪器,每台仪器 2 人。1 人观测,1 人记录,轮流操作及记录。

2.7.3 [实验仪器与工具]

(1) DJ6 经纬仪及脚架各 2,标杆及标杆架各 2～4,记录板 2。

(2) 自备计算器 1,3H 铅笔 1。

2.7.4 ［实验步骤］

1）竖直度盘认识

竖直度盘安装在横轴一端，其刻划中心与横轴旋转中心重合。竖直度盘结构包括竖直度盘、竖直度盘读数指标、竖直度盘指标水准管和竖直度盘指标水准管微动螺旋。

当望远镜在竖直面内俯仰转动时，竖直度盘也随之转动，但用来读取竖直度盘读数的指标却并不随望远镜转动，因此指标能读出不同方向的竖直度盘读数。

如图 2-11 所示，竖直度盘读数指标与竖直度盘指标水准管固连在一个微动架上，转动竖直度盘指标水准管微动螺旋，可以改变竖直度盘分划线影像与竖盘读数指标间的相对位置。在观测竖直角时，每次读取竖直度盘读数之前，都应先调节竖直度盘指标水准管微动螺旋，使竖直度盘指标水准管气泡居中。

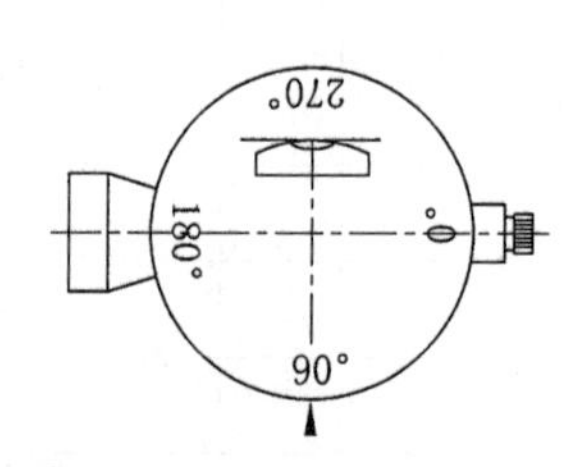

图 2-11　竖盘及其注记

某些型号的经纬仪，其竖盘与指标间装有自动补偿装置，能自动归零，因而可直接读数。

竖直度盘是一个玻璃圆盘，一般按 0°～360°顺时针方向注记。当望远镜视线水平且竖盘指标水准管气泡居中或自动补偿器归零时，盘左位置竖直度盘读数应为 90°，盘右位置竖直度盘读数为 270°，否则其差值称为指标差。

2）竖直角观测

在实验场地选定一点 O 作为测站，画上十字标记，仪器对中、整平，选择远处一明显标志作为目标。

（1）观测

盘左用经纬仪中丝瞄准目标，旋转竖盘指标水准管微动螺旋，使指标水准管气泡居中，读取并记录竖盘读数 L。盘右瞄准目标，调节竖盘指标水准气泡居中，读取并记录竖盘读数 R。

（2）计算

① 半测回竖直角计算

盘左竖直角

$$\alpha_{L} = 90° - L \tag{2-5}$$

盘右竖直角

$$\alpha_{R} = R - 270° \tag{2-6}$$

② 竖盘指标差计算

$$x = (L + R - 360°)/2 \tag{2-7}$$

③ 一测回竖直角计算

$$\alpha = (\alpha_{L} + \alpha_{R})/2 \tag{2-8}$$

④ 各测回竖直角平均值计算

取各测回竖直角平均值，填入记录表中相应位置。

一人观测完成后，其他人依次轮流进行观测，可选择不同目标。每人观测仰角、俯角各1个，每角观测2测回。

2.7.5 [实验注意事项]

(1) 盘左、盘右瞄准目标时，中丝应该瞄准目标同一位置。
(2) 读数前，应使竖盘指标水准管气泡居中。
(3) 计算垂直角及指标差时，应注意正、负号。

2.7.6 [上交资料]

表 2-11 竖直角观测记录表

日期________年____月____日　天气________　　　　观测者____________
仪器编号____________　　　　记录者____________

测站	目标	竖盘位置	竖直度盘读数	半测回竖直角	指标差	一测回竖直角	备　注
			° ′ ″	° ′ ″	″	° ′ ″	
		左					
		右					
		左					
		右					
		左					
		右					
		左					
		右					
		左					
		右					
		左					
		右					
		左					
		右					
		左					
		右					
		左					
		右					
		左					
		右					

2.8 经纬仪的检验与校正

2.8.1 [实验目的]

(1) 掌握经纬仪主要轴线及它们之间应满足的几何关系。
(2) 掌握 DJ6 经纬仪的检验与校正方法。

2.8.2 [实验计划]

(1) 验证性实验,实验时数 2 学时。
(2) 每组 4 人,2 台仪器,每台仪器 2 人。1 人校正,1 人记录,轮流操作及记录。

2.8.3 [实验仪器与工具]

(1) DJ6 经纬仪及脚架各 2,校正针 1～2 根,小螺丝刀 1～2 把,记录板 2。
(2) 自备计算器 1,3H 铅笔 1。

2.8.4 [实验步骤]

熟悉经纬仪的主要轴线:照准部水准管轴 LL、视准轴 CC、横轴 HH、竖轴 VV、圆水准器轴 $L'L'$。

1) 一般检视

仪器安置后,检查仪器外表有无损伤,三脚架是否牢固,仪器转动是否灵活,各螺旋是否有效,光学系统是否清晰、有无霉点。

2) $LL \perp VV$ 的检验与校正

(1) 检验。旋转脚螺旋,使圆水准气泡居中,初步整平仪器。转动照准部使水准管轴平行于一对脚螺旋,然后将照准部旋转 180°,如果气泡仍居中,说明 $LL \perp VV$,否则需要校正,如图 2-12(a)、(b)所示。

(2) 校正。用校正针拨动管水准器一端的校正螺丝,使气泡向中央移动偏距的一半(图 2-12(c)),余下的一半通过旋转与水准管轴平行的一对脚螺旋完成(图 2-12(d))。该项校正需要反复进行,直至气泡偏离值在 1 格以内为止。

3) 十字丝中丝 $\perp HH$ 的检验与校正

(1) 检验。用十字丝交点精确瞄准远处一目标 P,旋转水平微动螺旋,转动中如果标志点始终在中丝上移动,说明关系正确;反之,如果标志点偏离中丝移动,则表明中丝不垂直于竖

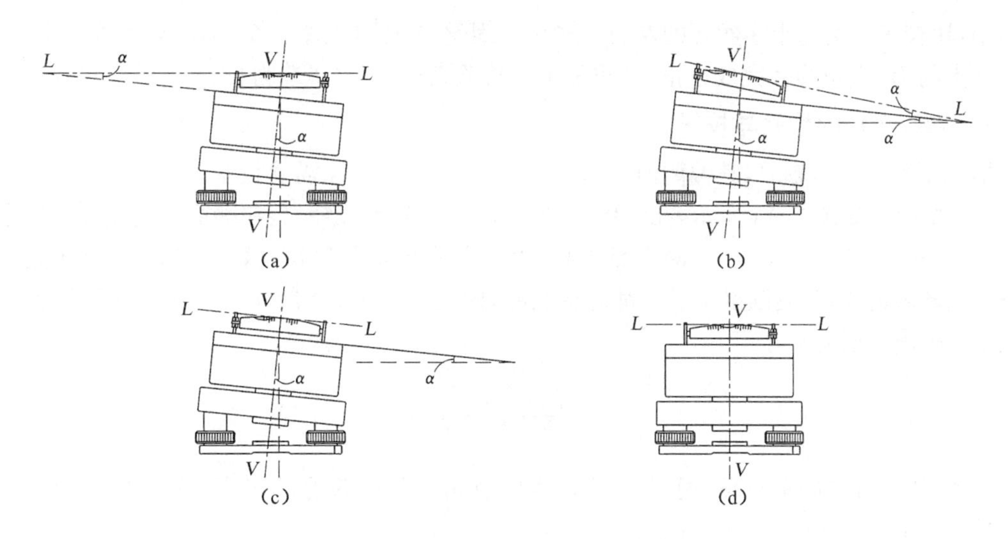

图 2-12　水准管轴垂直于竖轴的检验

轴，需要校正。

(2) 校正。旋下十字丝护罩，用小螺丝刀松开 4 个十字丝压环螺丝，然后缓慢转动十字丝环，使中丝与标志点相切，最后重新拧紧十字丝压环螺丝，详见图 2-5。

4) $CC \perp HH$ 的检验与校正

视准轴不垂直于横轴时，其偏离垂直方向的角值 C 称为视准轴误差或照准差。同一方向的 2 倍照准差计算见实验 2.6，则 2 倍照准差为 $2C=(L-(R\pm180°))$。C 过大时不便计算，规定 $C>60''$，必须校正。

(1) 检验。如图 2-13 所示，在平坦场地上选择相距约 100 m 的 A、B 两点，安置仪器于中点 O，在 A 点设置一个与仪器等高的标志，在 B 点与仪器等高位置横置一把 mm 分划直尺，使其垂直于视线 OB。盘左先瞄准 A 点标志，固定照准部，然后纵转望远镜，在 B 点读得读数 B_1；再盘右瞄准 A 点，固定照准部，纵转望远镜，在 B 点读得读数 B_2，如果 $B_1=B_2$，说明条件满足，否则需要校正。

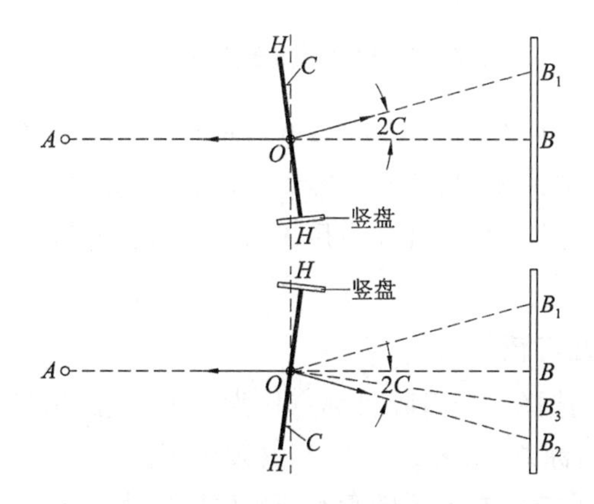

图 2-13　视准轴垂直于横轴的检验

(2) 校正。由 B_2 向 B_1 点量取 $\overline{B_1B_2}/4$ 的长度定出 B_3 点，如图 2-13 所示，此时 OB_3 垂直

于横轴，用校正针拨动十字丝环的左右一对校正螺丝，先松开其中一个，后旋紧另外一个，使十字丝交点与 B_3 点重合。完成校正后，重复上述检验，直至 $C < 60''$ 为止。

5) *HH*⊥*VV* 的检验与校正

横轴不垂直于竖轴时，其偏离值 i 称为横轴误差。$i > 20''$，需要校正。

(1) 检验。如图 2-14 所示，在距墙面 20～30 m 处安置经纬仪，在墙面较高处设置标志点 P(仰角约 30°)，盘左瞄准 P 点，固定照准部，然后使视线水平(竖盘读数 90°)，在墙面上定出一点 P_1；纵转望远镜，盘右瞄准 P 点，固定照准部，使视线水平(竖盘读数 270°)，在墙面上定出一点 P_2，则横轴误差 i 为

$$i = \frac{\overline{P_1P_2}}{2D}\rho'' \cdot \cot\alpha \tag{2-9}$$

式中，α 为 P 点方向的垂直角，通过观测 P 点竖直角一测回获得；D 为测站至 P 点的水平距离。计算出的 $i > 20''$，必须校正。

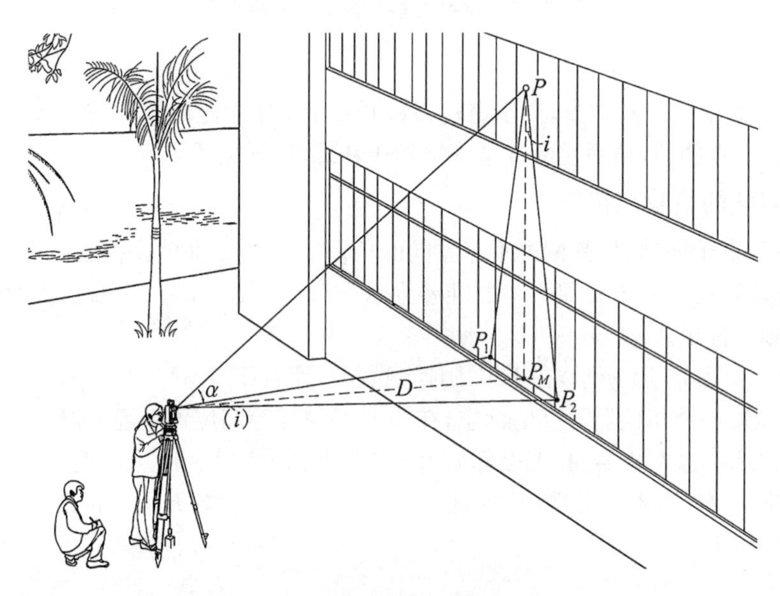

图 2-14　横轴垂直于竖轴的检验

(2) 校正。望远镜瞄准 P_1P_2 的中点 P_M，然后抬高望远镜至 P 点高度，此时十字丝交点不对准 P 点。打开仪器支架护盖，调整偏心轴承环，抬高或降低横轴一端使十字丝竖丝对准 P 点。该项校正应在室内无尘环境中使用专用平行光管进行操作，用户不具备条件时，应交由专业人员校正。

6) 竖盘指标差的检验与校正

(1) 检验。安置仪器，选择一个清晰目标点作为照准标志，用盘左、盘右照准目标观测一测回，参照实验 2.7 计算指标差 x。$x > \pm 1'$ 时，必须校正。

(2) 校正。计算消除了指标差 x 后的盘右正确读数应为 $R-x$，旋转竖盘指标水准管微动螺旋，使竖盘读数为 $R-x$，此时，竖盘指标水准管气泡必然偏离中央，用校正针拨动竖盘指标水准管一端的上、下 2 个校正螺丝，参见图 2-7，使气泡居中，校正时应一松一紧，先松后紧。

该项校正应反复进行，直至 $x < \pm 1'$。

2.8.5 ［实验注意事项］

(1) 仪器检验与校正应按顺序进行，不能随意颠倒。

(2) 校正时，校正螺丝应一松一紧，先松后紧，用力不宜过大，校正完毕后，校正螺丝不应松动，应处于稍紧状态。

(3) 检验与校正应反复进行，直至符合要求为止。实验时，每项检验至少进行 2 次。

2.8.6 ［上交资料］

表 2-12　经纬仪的检验与校正

日期_______年___月___日　天气_______　　　　观测者_________

仪器编号_________　　　　记录者_________

1. 一般性检视

项目	
仪器外表有无损伤，脚架是否牢固	
仪器转动是否灵活，螺旋是否有效	
光学系统有无霉点	

2. 水准管轴垂直于竖轴

检验次数			
气泡偏离格数			

3. 十字丝竖丝垂直于横轴

检验次数	误差是否显著

4. 视准轴垂直于横轴

	目标	水平度盘读数		目标	水平度盘读数
第一次检验		a_1(盘左) =	第二次检验		a_1(盘左) =
		a_2(盘右) =			a_2(盘右) =
		$c = [a_1 - (a_2 \pm 180°)]/2 =$			$c = [a_1 - (a_2 \pm 180°)]/2 =$
		$a = [a_1 + (a_2 \pm 180°)]/2 =$			$a = [a_1 + (a_2 \pm 180°)]/2 =$

续表

5. 横轴垂直于竖轴

检验次数	P_1 和 P_2 两点间距离	备　注

6. 竖盘指标差的检验与校正

检验次数	目标	竖盘位置	竖盘读数	指标差	盘右正确读数	备　注
			° ′ ″	′ ″	° ′ ″	

2.9　DJ2 经纬仪的认识与使用

2.9.1　[实验目的]

(1) 了解 DJ2 光学经纬仪的基本构造，掌握其主要部件的名称、作用和使用方法。

(2) 熟悉 DJ2 光学经纬仪的操作与读数方法。

2.9.2　[实验计划]

(1) 验证性实验，实验时数 2 学时。

(2) 每组 4 人，观测、记录各 1 人，轮流操作。

(3) 每人用 DJ2 光学经纬仪观测一个水平角。

2.9.3　[实验仪器与工具]

(1) DJ2 光学经纬仪及脚架 1，小标杆及标杆架各 2～4。

(2) 自备计算器 1，3H 铅笔 1。

2.9.4 ［实验步骤］

1）DJ2 光学经纬仪的认识

安置 DJ2 光学经纬仪，指出仪器各主要部件的名称、作用。

2）DJ2 光学经纬仪的使用

（1）对中、整平（光学对中器法）

① 将仪器安置在三脚架架头上，调节光学对中器目镜调焦环，使视场中分划圈清晰；拉动光学对中器镜筒，使地面标志点影像清晰。此时，如果测站点偏离光学对中器分划圈中心较远，可根据地形安置好三脚架一条腿，两手分别握住其他两条腿，眼睛对光学对中器目镜观察；移动这两条腿（移动时应保持架头大致水平）使对中器分划圈中心对准标志，用脚把 3 条架腿踩实。

② 伸缩脚架支腿使仪器基座上的圆水准气泡居中。

③ 转动经纬仪照准部，使照准部水准管平行于任意两个脚螺旋中心连线，相向旋转该两个脚螺旋，使水准管气泡居中；转动照准部 90°，旋转第三个脚螺旋，使水准管气泡居中，此时仪器竖轴铅直。

④ 检查仪器是否精确对中，如有偏离，则稍稍旋松三脚架中心连接螺旋，在架头上移动（不得转动）基座，使对中器分划圈中心精确对准测站标志，旋紧连接螺旋。

⑤ 旋转仪器照准部到两个互相垂直方向，检查仪器是否精确水平，如水平则安置完毕。否则重复步骤③、④，直至精确对中且精确水平。

（2）瞄准与读数

DJ2 光学经纬仪瞄准方法同 DJ6 光学经纬仪。

DJ2 光学经纬仪读数有两个特点：一是使用换像手轮，使读数显微镜视场中只能看到水平度盘或竖直度盘影像中的一种；二是使用测微手轮，精确读取微小读数，测微尺上最小刻划为 1″，可估读至 0.1″。

不同型号的 DJ2 光学经纬仪光路基本相同，但读数方法略有差异。读数步骤如下：

① 转动换像手轮，如欲读取水平度盘读数，则使换像手轮上的线条水平；欲读取竖直度盘读数，则使换像手轮上的线条竖直。

② 调整相应光路（水平或竖直）反光镜开度与开向，使读数窗视场亮度适中。旋转读数显微镜目镜调焦环，使读数窗影像清晰。

③ 转动测微手轮，使度盘对径分划上、下严格对齐。

④ 读取度盘读数。

图 2-15(a)是 DJ2 仪器读数窗，图中大窗口竖线为度盘对径分划线影像，横线为对径符合线，符合线上方正置数字为主像，下方倒置数字为副像；小窗口为测微尺影像。转动测微手轮，小窗口测微尺像向上或向下移动，同时大窗口主副像刻划线相对反向移动。使主副像分划线严格对齐，找出主副像中相差 180°的两条分划线（主像分划线在左，副像分划线在右），即对径分划线，读取主像注记度数，并将该两条分划线间隔的度盘分划数乘以度盘分划格值的一半（10′），得到整十分数，不足十分的分、秒数，在小窗口的测微分划尺上读取。图 2-15(a)中读

数为135°02′02.3″。

图 2-15(b)为 DJ2 光学经纬仪读数窗。上窗(数字窗)读取 28°10′,下窗(秒盘窗)读取 4′24.2″,两者相加为 28°14′24.2″。

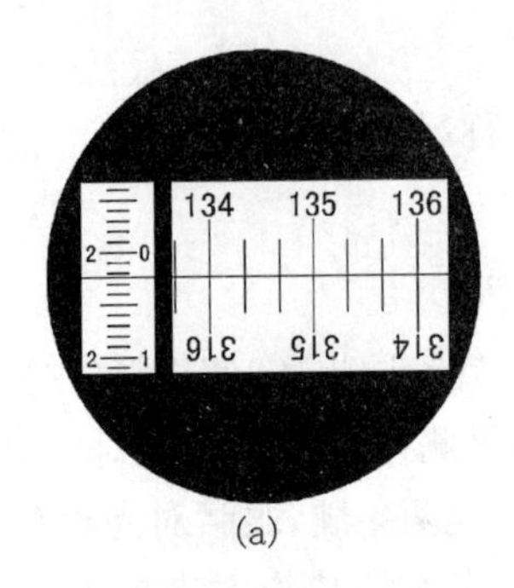

(a)

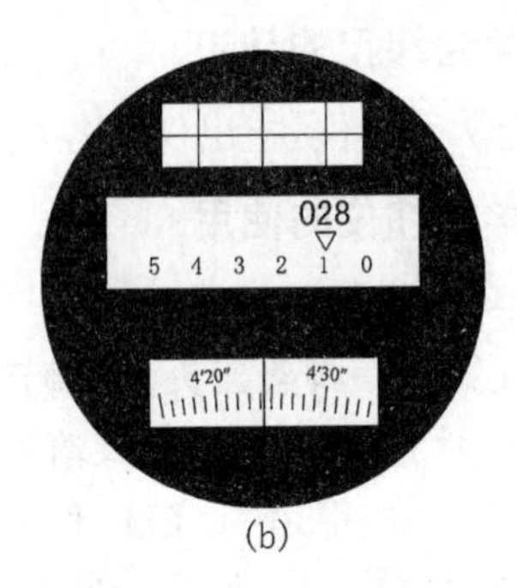

(b)

图 2-15　DJ2 经纬仪的读数窗

其他 DJ2 光学经纬仪读数方法类似,度盘窗中读取度数和整十分数,测微窗中读取不足十分的分、秒数,二者相加得到完整读数。

3) 水平角观测

选择两个目标点,用测回法测出水平角。每人观测一测回,各测回水平度盘起始位置略为 $\frac{180^\circ}{n}\cdot(j-1)+i\cdot(j-1)+\frac{\omega}{n}\cdot\left(j-\frac{1}{2}\right)$。式中,$n$ 为测回数;i 为度盘最小分划值,DJ2 为 10′;ω 为测微尺分格数,DJ2 为 600″;j 为测回序号。

2.9.5 [实验注意事项]

(1) 换像手轮位置正确,不应将水平度盘和竖直度盘混淆。

(2) 对径分划线必须严格对齐,否则读数不正确。

(3) 读数时应先读取度盘读数,再读取测微尺读数,二者相加为最后读数。

2.9.6 [上交资料]

表 2-13　水平角观测记录表

日期________年____月____日　天气________　　　　观测者____________

仪器编号____________　　　　　　　　　　　　　　记录者____________

测站	目标	竖盘位置	水平度盘读数	半测回角值	一测回角值	备　注
			° ′ ″	° ′ ″	° ′ ″	

续表

测站	目标	竖盘位置	水平度盘读数	半测回角值	一测回角值	备　注
			° ′ ″	° ′ ″	° ′ ″	

2.10 电子经纬仪的认识与使用

2.10.1 ［实验目的］

(1) 了解电子经纬仪的构造与性能。
(2) 熟悉电子经纬仪的使用方法。

2.10.2 ［实验计划］

(1) 验证性实验，实验时数 2 学时。
(2) 每组 4 人。
(3) 每人完成一个水平角观测工作。

2.10.3 [实验仪器与工具]

(1) 电子经纬仪及脚架1,标杆及标杆架各2。
(2) 自备计算器1,3H铅笔1。

2.10.4 [实验步骤]

1) 电子经纬仪的认识

电子经纬仪与光学经纬仪一样由基座、水平度盘、照准部组成,区别是电子经纬仪采用光栅或编码度盘,读数方式为电子显示。

电子经纬仪有电源和功能操作键,配有数据通信接口,可与测距仪组成电子速测仪。

电子经纬仪型号众多,外形、体积、重量、性能不尽相同。本实验在指导教师演示后进行操作。

2) 电子经纬仪的使用

(1) 在实验场地选择一点 O 作为测站,另选两点 A、B,竖立标杆作为目标。
(2) 安置仪器,对中、整平。
(3) 打开电源开关,自检,纵转望远镜,设置竖直度盘指标。
(4) 观测角度。

盘左瞄准左目标 A,按置零键,使水平度盘读数为 $0°00'00''$,顺时针旋转照准部,瞄准右目标 B,读取显示读数。

同法进行盘右观测。

如欲观测竖直角,可在读取水平度盘读数的同时读取竖直度盘读数。

一人观测完成后,其他人依次轮流操作,观测同一水平角。

2.10.5 [实验注意事项]

(1) 装卸电池时应先关闭电源。
(2) 观测前,先进行有关初始设置。
(3) 迁站时应先关闭电源。

2.10.6 ［上交资料］

表 2-14 水平角观测记录表

日期________年____月____日 天气________ 观测者____________

仪器编号____________ 记录者____________

测站	目标	竖盘位置	水平度盘读数	半测回角值	一测回角值	备 注
			° ′ ″	° ′ ″	° ′ ″	
		左				
		右				
		左				
		右				
		左				
		右				
		左				
		右				
		左				
		右				

2.11 钢尺量距与罗盘仪测定磁方位角

2.11.1 [实验目的]

(1) 掌握钢尺量距的一般方法。

(2) 了解罗盘仪的构造,熟悉用罗盘仪测定磁方位角。

2.11.2 [实验计划]

(1) 验证性实验,实验时数 2 学时。

(2) 每小组 4 人。

(3) 在实验场地选定相距约 80 m 的两点,用钢尺量距的一般方法测出其距离,并用罗盘仪测出磁方位角。

2.11.3 [实验仪器与工具]

(1) 钢尺 1,标杆 3,测钎 1 组,罗盘仪及脚架 1,木桩 2,小钉 2,斧子 1,记录板 1。

(2) 自备计算器 1,3H 铅笔 1。

2.11.4 [实验步骤]

1) 定桩

在平坦场地上选定相距约 80 m 的 A、B 两点,打下木桩,在桩顶上钉上小钉作为点位标志(如为坚硬地面,可直接画十字丝作为标记)。在直线 AB 两端各竖立一根标杆。

2) 往测

(1) 后尺手手持钢尺尺头,站在 A 点标杆后,单眼瞄向 A、B 标杆。

(2) 前尺手手持尺架并携带一根标杆及一组测钎沿 $A \rightarrow B$ 方向前行,行至约一整尺段处停下,根据后尺手指挥,左右移动标杆,将其插在 AB 直线上。

(3) 后尺手将钢尺零点对准 A 点,前尺手在 AB 直线上拉紧钢尺并使之保持水平,在钢尺一整尺段注记处插下第一根测钎,完成一个整尺段丈量。

(4) 前、后尺手同时提尺前进,当后尺手行至第一根测钎处,使用测钎和 B 点处的标杆定线,指挥前尺手将标杆插在第一根测钎和 B 点的连线上。

(5) 后尺手将钢尺零点对准第一根测钎,前尺手同法将钢尺拉平拉紧后在一整尺注记处插入第二根测钎,随后后尺手将第一根测钎拔出收起。

(6) 依步骤(5)丈量其他各尺段。

(7) 最后一段因不足一整尺长，后尺手将尺的零端对准测钎，前尺手拉平拉紧钢尺对准 B 点，读出尺上读数至毫米位，即为余长 q，做好记录。然后后尺手拔出最后一根测钎。

(8) 此时，后尺手手中测钎数即整尺段数 n，整尺段数 n 乘以钢尺整长 l 加上最后一段余长 q，为往测距离。即

$$D_{AB} = nl + q \tag{2-10}$$

3) 返测

往测结束后，再从 B 向 A 同法进行定线量距，测得返测距离 D_{BA}。

4) 检核

根据往返距离 D_{AB}和 D_{BA}计算相对较差

$$K = \frac{|D_{AB} - D_{BA}|}{\overline{D}_{AB}} = \frac{1}{M} \tag{2-11}$$

与容许值($K_{容}=1/3\,000$)比较，若满足要求，计算平均距离$\overline{D}_{AB}=(D_{AB}+D_{BA})/2$。

5) 罗盘仪定向

(1) 在 A 点架设罗盘仪，对中、整平。通过刻度盘内两个正交方向上的水准管调整刻度盘，使刻度盘水平。

(2) 旋松刻度盘底部的磁针固定螺丝，使磁针落在顶针上。

(3) 用望远镜瞄准 B 点(保持刻度盘水平)。

(4) 当磁针摆动静止时，从刻度盘上读取磁针北端所指读数，估读至 $0.5°$，即为 AB 边的磁方位角，做好记录。

(5) 同法在 B 点架设罗盘仪，测出 BA 边的磁方位角。最后检查正、反磁方位角互差是否超限(限差$=2°$)，并计算平均值。

2.11.5 [实验注意事项]

(1) 使用钢尺时，不得扭转和踩压；移动钢尺时应悬空行走，不得贴地拖拉。

(2) 量距时钢尺应拉平，用力均匀。悬空丈量时应注意从侧面观察钢尺是否水平。

(3) 钢尺使用后应擦净涂油。

(4) 使用罗盘仪时，应避免铁器干扰。测量结束或搬迁时，应固定磁针。

2.11.6 ［上交资料］

表 2-15　钢尺量距记录表

日期______年___月___日　天气______　　　　观测者________

仪器编号________　　　　记录者________

测线		往测		返测		$\lvert D_1 - D_2 \rvert$ (m)	相对精度	平均长度 (m)	备注
起点	终点	尺段数 / 尾数	D_1 (m)	尺段数 / 尾数	D_2 (m)		$\frac{\lvert D_1 - D_2 \rvert}{距离平均值}$		

表 2-16　罗盘仪测量记录表

日期______年___月___日　天气______　　　　观测者________

仪器编号________　　　　记录者________

测线	磁方位角		平均值	备　注
	正			
	反			
	正			
	反			
	正			
	反			
	正			
	反			
	正			
	反			

2.12 视距测量与视距计算

2.12.1 ［实验目的］

（1）掌握视距测量的观测方法。
（2）掌握视距测量的计算方法。

2.12.2 ［实验计划］

（1）验证性实验，实验时数 2 学时。
（2）每组 4 人，观测、记录、计算各 1 人，轮流进行。
（3）每人独立进行 2 个点的视距测量。

2.12.3 ［实验仪器与工具］

（1）经纬仪及脚架 1，视距尺 1，小钢尺 1，木桩及小钉各 2，斧子 1，记录板 1，测伞 1。
（2）自备计算器 1，3H 铅笔 1。

2.12.4 ［实验步骤］

1）准备

在实验场地选定相距约 60 m 的 A、B 两点，打入木桩，桩顶钉入小钉，作为标志。

2）观测及计算

（1）将经纬仪安置于 A 点，用小钢尺量取仪器高 i（A 点标志到仪器横轴的铅垂距离），量至 cm，做好记录。

（2）在 B 点竖立视距尺。

（3）上仰望远镜，根据竖直度盘初始读数和读数变化规律，确定竖直角计算公式，记入表格。

（4）用望远镜盘左瞄准视距尺，使横丝在视距尺上读数等于仪器高 i，读取上丝读数 a 及下丝读数 b，记录，计算尺间隔 $l_L = b - a$。

（5）旋转竖盘指标水准管微动螺旋，使指标水准管气泡居中（有竖盘指标自动归零补偿装置的经纬仪无此操作），读取竖盘读数 L，记录，计算竖直角 α_L。

（6）望远镜盘右重复步骤（4）、（5），得尺间隔 l_R 和竖直角 α_R。

（7）计算竖盘指标差，在限差满足要求时，计算盘左、盘右尺间隔及竖直角平均值 l 和 α。

(8) 计算 A、B 间水平距离 D_{AB} 和高差 h_{AB}。

(9) 将仪器安置于 B 点，用小钢尺量取仪器高 i，在 A 点竖立视距尺，同法测定 B、A 间水平距离 D_{BA} 和高差 h_{BA}，检核步骤(8)结果。

(10) 随机选择测站附近的其他碎部点立尺，进行视距测量，测定并计算水平距离及高差。

2.12.5 [实验注意事项]

(1) 观测时，竖盘指标差应在 $\pm 1'$ 以内；上、中、下丝读数应满足 $|(上+下)/2-中| \leqslant 6\ \mathrm{mm}$。

(2) 竖盘读数前，竖盘指标水准管气泡应居中。

(3) 视距尺应立直，尤其应注意前后向不得倾斜。

2.12.6 [上交资料]

表 2-17　视距测量记录表

日期________年____月____日　天气________　　　　观测者____________

仪器编号____________　　　　记录者____________

测站：________　测站高程：________m　仪器高：________m

点号	上丝读数 下丝读数	视距间隔 (m)	中丝读数 (m)	竖盘读数 ° ′	竖直角 ° ′	水平距离 (m)	高程 (m)

续表

测站：________ 测站高程：________m 仪器高：________m

点号	上丝读数 下丝读数	视距间隔 (m)	中丝读数 (m)	竖盘读数 ° ′	竖直角 ° ′	水平距离 (m)	高程 (m)

2.13 全站仪的认识与使用

2.13.1 [实验目的]

(1) 认识全站仪的构造、部件名称。
(2) 认识全站仪键盘功能与信息显示。
(3) 掌握全站仪的安置，以及全站仪水平角、竖直角、距离及三维坐标的测量。

2.13.2 [实验计划]

(1) 验证性实验，实验时数 2 学时。
(2) 每组 4 人，观测、记录、司镜各 1 人，轮流进行。
(3) 每人独立进行 1 次全站仪的安置、水平角、竖直角、距离及三维坐标的测量。

2.13.3 [实验仪器与工具]

全站仪与脚架 1,棱镜 1,钢尺 1

2.13.4 [实验步骤]

1) 认识全站仪

(1) 认识全站仪的构造、部件名称

南方 NTS－332R 型全站仪的外观及各部件名称如图 2-16 所示,按图对照仪器实物,找到各个部件,并熟悉它们的名称与功能。

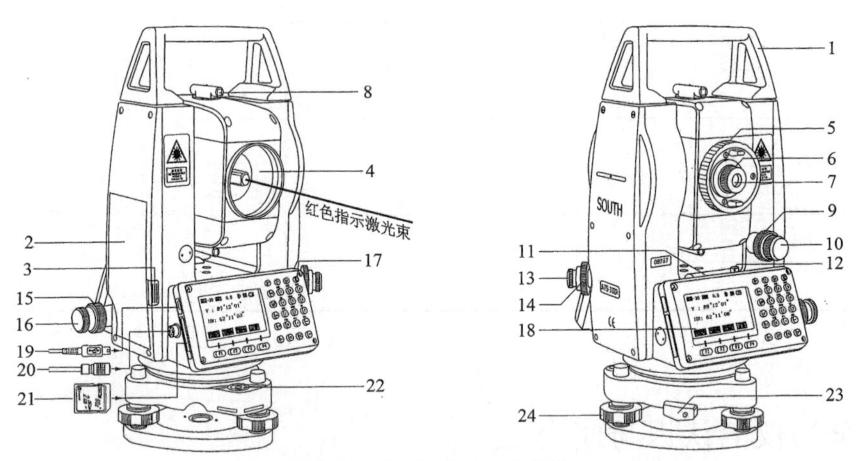

图 2-16 NTS－332R 全站仪

1—手柄;2—电池盒;3—电池盒按钮;4—物镜;5—物镜调焦螺旋;6—目镜调焦螺旋;7—目镜;8—粗瞄准器;9—望远镜制动螺旋;10—望远镜微动螺旋;11—管水准器;12—管水准器校正螺丝;13—光学对中器目镜调焦螺旋;14—光学对中器物镜调焦螺旋;15—水平制动螺旋;16—水平微动螺旋;17—电源开关键;18—显示窗;19—USB 通讯品;20—RS232 通讯口;21—SD 卡插口;22—圆水准器;23—轴套锁定钮;24—脚螺旋

(2) 认识全站仪键盘功能与信息显示

南方 NTS－332R 型全站仪键盘功能与信息显示如图 2-17 所示。

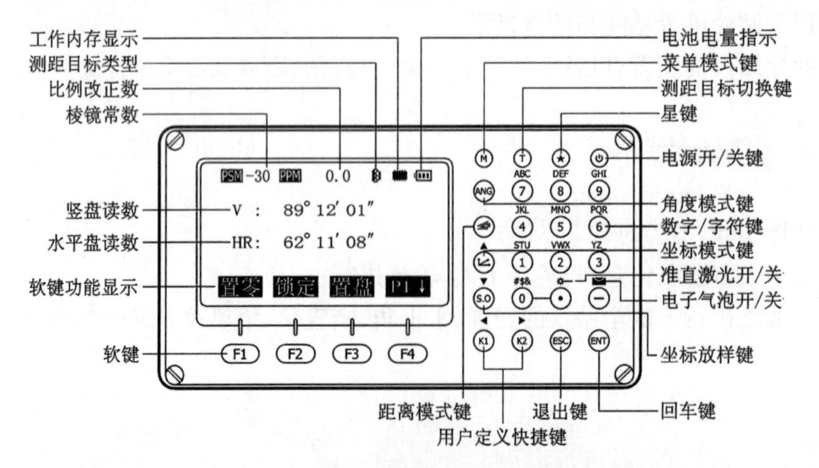

图 2-17 NTS－332R 型全站仪操作面板

键盘符号、名称与功能如表 2-18 所示,屏幕显示符号如表 2-19 所示。

表 2-18 NTS-332R 型全站仪键盘符号

按 键	名 称	功 能
	电源键	电源开/关
0~9 • −	数字/字母键	输入数字、小数点、负号或其上注记的字符
ANG	角度测量键	进入角度测量模式
	距离测量键	进入距离测量模式
	坐标测量键	进入坐标测量模式
M	菜单模式键	进入菜单模式
T	测距目标切换键	测距目标在棱镜、反射片和免棱镜间切换
★	星键	进入星键模式,用于仪器若干常用功能操作
	开/关指示激光	发射指示激光束(与视准轴重合)
S.O	坐标放样键	快速执行"测量程序"下的"坐标放样"命令
K1 K2	用户自定义快捷键	可将"测量程序"下的两个命令定义给快捷键
ESC	退出键	取消前一操作,返回前一个显示屏或前一个模式
▲▼◀▶	光标移动键	翻页菜单或移动光标
ENT	回车键	确认输入内容
F1~F4	软键	功能参见屏幕最下行所显示反黑字符信息

表 2-19 NTS-332R 型全站仪显示符号

显示符号	内 容	显示符号	内 容
V%	垂直角(坡度显示)	E	东向坐标
HR	水平角(右角)	Z	高程
HL	水平角(左角)	*	EDM(电子测距)正在进行
HD	水平距离	m	以米为单位
VD	高差	ft	以英尺为单位
SD	斜距	fi	以英尺和英寸为单位
N	北向坐标		

在键盘上按(ANG)、(◢)、(⊻)键可以分别进入角度测量模式、距离测量模式及坐标测量模式，各模式界面分别如图 2-18(a)～(c)所示。角度测量模式共有 3 个界面菜单，屏幕最下行所显示符号对应的功能如表 2-20 所示；距离测量模式共有 2 个界面菜单，所显示符号对应的功能如表 2-21 所示；坐标测量模式共有 3 个界面菜单，所显示符号对应的功能如表 2-22 所示。

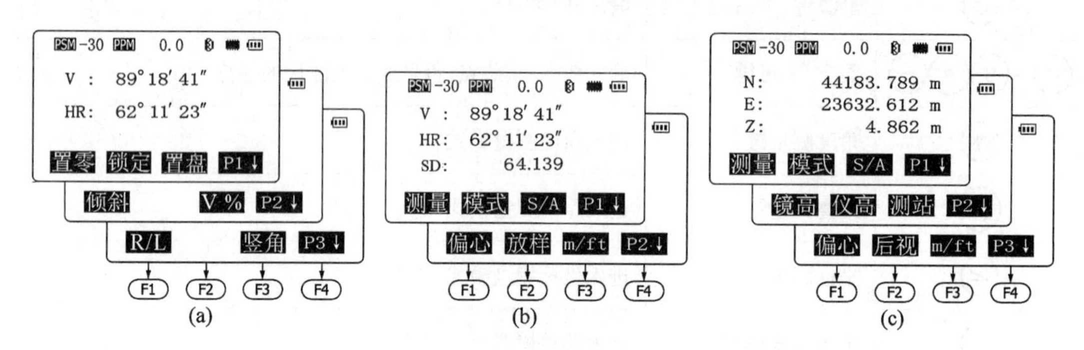

图 2-18　角度测量、距离测量及坐标测量模式界面菜单

表 2-20　角度测量模式

页数	软键	显示符号	功　能
第 1 页（P1）	F1	置零	设置水平度盘读数为零
	F2	锁定	锁定水平度盘读数
	F3	置盘	通过键盘设置水平度盘
	F4	P1↓	显示第 2 页软键功能
第 2 页（P2）	F1	倾斜	开/关电子补偿器
	F2		
	F3	V %	竖盘读数在天顶距/百分比坡度间切换
	F4	P2↓	显示第 3 页软键功能
第 3 页（P3）	F1	R/L	水平度盘读数在右/左旋间切换
	F2		
	F3	竖角	垂直角显示格式天顶距/竖直角间切换
	F4	P3↓	显示第 1 页软键功能

表 2-21　距离测量模式

页数	软键	显示符号	功　能
第 1 页（P1）	F1	测量	按设置的距离测量模式及合作目标类型测距
	F2	模式	设置测距模式“连续精测/单次精测/连续跟踪”间切换
	F3	S/A	设置气象改正参数
	F4	P1↓	显示第 2 页软键功能

续表

页数	软键	显示符号	功　　能
第 2 页 (P2)	F1	偏心	进入偏心测量模式
	F2	放样	距离放样模式
	F3	m/ft	设置距离单位米/英尺/英尺·英寸
	F4	P2↓	显示第 1 页软键功能

表 2-22　坐标测量模式

页数	软键	显示符号	功　　能
第 1 页 (P1)	F1	测量	按设置的距离测量模式及目标类型测距并显示镜站三维坐标
	F2	模式	设置测距模式"连续精测/单次精测/连续跟踪"间切换
	F3	S/A	设置气象改正参数
	F4	P1↓	显示第 2 页软键功能
第 2 页 (P2)	F1	镜高	输入棱镜高
	F2	仪高	输入仪器高
	F3	测站	输入测站点三维坐标
	F4	P2↓	显示第 3 页软键功能
第 3 页 (P3)	F1	偏心	进入偏心测量模式
	F2		
	F3	m/ft	设置距离单位米/英尺/英尺·英寸
	F4	P3↓	显示第 1 页软键功能

2）全站仪的安置

(1) 在地面上打一木桩，在桩顶钉一小钉或画十字作为测站点，或在地面画一十字线，十字线的交点作为测站点。

(2) 松开三脚架，安置于测站上，使高度适当，架头大致水平。打开仪器箱，双手握住仪器支架，将仪器取出，置于架头上。一手紧握支架，一手拧紧连接螺旋。

(3) 粗对中：手握三脚架，观察光学对中器，移动三脚架使对中标志基本对准测站点中心，将三脚架踩紧。

(4) 精对中：旋转脚螺旋使光学对点器中心与测点标志重合，对中误差≤±1 mm。

(5) 粗平：伸缩三脚架架腿，使圆水准气泡居中。

(6) 精平：转动照准部，旋转脚螺旋，使管水准气泡在相互垂直的两个方向居中。精平操作会略微破坏已完成的对中关系。

(7) 再次精对中：如果对中标志没有准确对准测站点中心，则稍旋松连接螺旋，移动基座，精确对中(只能前后、左右移动，不能旋转)，再拧紧连接螺旋。

(8) 重复(6)、(7)两步，直到全站仪完全对中、整平。

3）全站仪的使用

在一个测站上安置全站仪，选择两个目标点安置棱镜，练习水平角、竖直角、距离及三维坐标的测量，观测记录记入相应的表格中。

（1）水平角测量

全站仪在 *O* 点设站完成对中、整平之后，开机，按(ANG)键进入角度测量模式，旋转照准部精确照准第一个目标 *A*，按键盘上的(F1)（置零）将起始方向设置为 0°00′00″，转动照准部，精确瞄准第二个目标 *B*，此时显示屏上的读数 HR 即为∠*AOB* 的水平角。

（2）竖直角测量

全站仪在 *O* 点设站对中、整平完之后，开机，按(ANG)键进入角度测量模式，设置为竖直角显示（而非天顶距），旋转照准部精确照准目标 *A*，此时显示屏上的读数 V 即为竖直角。

（3）距离测量

全站仪在 *O* 点设站对中、整平完之后，开机，按(★)(F3)（S/A）键设置好棱镜常数及大气参数，按(◢)键进入距离测量模式，按(T)键设置合作目标类型，按(F2)（模式）键设置测距模式，旋转照准部精确照准目标 *A*，按(F1)（测量）键测距，显示屏上显示“SD”“HD”“VD”实测值。

（4）坐标测量

全站仪在 *O* 点设站完成对中、整平之后，开机，按(★)(F3)（S/A）键设置好棱镜常数及大气参数，按(⊵)键进入坐标测量模式。按(F4)（P1↓）翻页，按(F3)（测站），输入测站点 N、E、Z 坐标，按(ENT)键确认，屏幕返回坐标测量模式。按(F4)（P2↓）翻页，按(F2)（后视），输入后视点 N、E 坐标，按(ENT)键确认，屏幕显示测站至后视点方位，照准后视点，按(F4)（[是]）键完成直线定向。按(F4)（P3↓）(F4)（P1↓）翻页，按(F2)（仪高），输入仪器高，按(ENT)键确认，按(F1)（镜高），输入棱镜高，按(ENT)键确认，屏幕返回坐标测量模式。按(F4)（P2↓）(F4)（P3↓）翻页，照准测点棱镜，按(F1)（测量），屏幕显示测点 N、E、Z 坐标。

2.13.5 [实验注意事项]

（1）操作仪器时，手不要扶在三脚架上。

（2）如果全站仪管气泡偏离 2 格，需重新对中、整平。

2.13.6 ［上交资料］

表 2-23 全站仪角度测量、距离测量、坐标测量记录表

专业(班级)__________ 组号____ 组长(签名) ________ 仪器 ___ 编号__________

测量时间 自____:____ 至 ____:____ 日期______年____月____日 天气______ 成像______

测站	目标镜高(m)	竖盘	水平角观测		垂直角观测		距离观测		
			水平度盘 ° ′ ″	水平角 ° ′ ″	竖盘读数 ° ′ ″	垂直角 ° ′ ″	斜距(m)	平距(m)	高差(m)
		左							
		右							
		左							
		右							
		左							
		右							
		左							
		右							
		左							
		右							
		左							
		右							

坐标测量

测站K10 定向点K11 测站高程50.000 仪器高 i ______

点名(号)			x	y	H	备注
测站点	K10		70 000.000	40 000.000	50.000	
后视点	K11		70 060.000	39 950.000		320°11′40″
测点/镜高						

2.14 四等水准测量

2.14.1 [实验目的]

(1) 掌握四等水准测量的观测顺序、记录和计算方法。
(2) 掌握四等水准测量的主要技术指标及测站和路线检核方法。

2.14.2 [实验计划]

(1) 综合性实验,实验时数 2～3 学时。
(2) 每组 4 人,观测、记录各 1 人,扶尺 2 人,轮流作业。
(3) 每组完成一条闭合水准路线的观测、记录、测站计算、高差闭合差调整及高程计算。

2.14.3 [实验仪器与工具]

(1) DS3(或自动安平)水准仪及脚架 1,双面尺 1 对,尺垫 2,木桩 3～4 个,斧子 1,记录板 1,测伞 1。
(2) 自备计算器 1,3H 铅笔 1。

2.14.4 [实验步骤]

1) 准备

在实验场地指定一点 BM_1 作为起始水准点,另选 3～4 个待定高程点 A、B…,打入木桩作为标志,路线长度以安置 4～6 站为宜。

2) 观测

(1) 在已知高程点 BM_1 与第一个待定点 A 上竖立水准尺,在两点等距离处安置水准仪,按以下程序观测。

后视黑面尺,读上丝读数、下丝读数,精平仪器视线,读取中丝读数;
后视红面尺,精平仪器视线,读取中丝读数;
前视黑面尺,读上丝读数、下丝读数,精平仪器视线,读取中丝读数;
前视红面尺,精平仪器视线,读取中丝读数。

(2) 测站与计算检核。以上观测数据用序号①～⑧记录完毕后,随即计算以下内容。

后视距离⑨,前视距离⑩不大于 80 m;前、后视距差⑪不大于 5 m;前、后视距累积差⑫不大于 10 m;前尺黑、红面读数差⑬,后尺黑、红面读数差⑭均不大于±3 mm;黑面高差⑮,红面高差⑯，黑红面高差之差⑰不大于±5 mm；平均高差⑱。

(3) 迁站。将 BM_1 点上水准尺迁至 B 点竖立，水准仪安置在 A、B 两点等距离处，将 A 点上标尺原地调转，尺面面向仪器。依步骤(1)、(2)观测并检核、计算 $A \to B$ 的高差。

(4) 设立转点。当两点间距离较长或高差较大时，可在两点间选定转点作为分段点，实施分段测量。转点处必须放置尺垫，水准尺竖立于尺垫上。

(5) 依次观测、迁站，直至完成整条路线测量。路线测量完毕后，计算以下内容。

① 路线总长，即各站前、后视距离之和。

② 各站后视距离之和，减去前视距离之和，应与最后一站的前、后视距累积差相等。

③ 各站后视读数之和，各站前视读数之和，各站平均高差。

④ 路线高差闭合差。

3）计算

当高差闭合差不超限，对闭合差进行调整，求出各待定点高程。方法及步骤详见教科书。

2.14.5 ［实验注意事项］

(1) 前、后视距离可先由步数概量，再通过视距测量调整仪器位置，使前后视距离相等。

(2) 每站观测结束应立即计算检核，一旦超限，立即重测。

(3) 整条水准路线全部观测和计算工作完毕，各项指标(含路线高差闭合差 f_h)均满足要求才能结束观测。

(4) 四等水准测量有关技术指标见表 2-24。

表 2-24　四等水准测量测站技术指标

等级	视线高(m)	视线长(m)	前后视距差(m)	前后视距累积差(m)	黑红面读数差(mm)	黑红面高差之差(mm)	高差闭合差(mm)
四等	>0.2	≤80	≤5.0	≤10.0	≤3.0	≤5.0	$\leqslant \pm 20\sqrt{L}$(平地) $\leqslant \pm 6\sqrt{N}$(山地)

2.14.6 ［上交资料］

表 2-25 四等水准测量记录表

施测路线自______至______ 观测者:________ 记录者:________ 仪器型号:________

日期　　年　　月　　日 开始:____时____分 结束:____时____分 天气________

测站编号	点号	后尺 下丝	前尺 下丝	方向及尺号	水准尺读数		K+黑−红(mm)	高差中数(m)	备注
		后尺 上丝	前尺 上丝		黑面(mm)	红面(mm)			
		后距(m)	前距(m)						
		前后视距差(m)	累积差(m)						
		①	⑤	后	③	④	⑭	⑱	
		②	⑥	前	⑦	⑧	⑬		
		⑨	⑩	后一前	⑮	⑯	⑰		
		⑪	⑫						
				后					
				前					
				后一前					
				后					
				前					
				后一前					
				后					
				前					
				后一前					
				后					
				前					
				后一前					
				后					
				前					
				后一前					
				后					
				前					
				后一前					

2.15 三角高程测量

2.15.1 ［实验目的］

（1）掌握三角高程测量的观测方法。
（2）掌握三角高程测量的计算方法。

2.15.2 ［实验计划］

（1）验证性实验，实验时数 2 学时。
（2）每组 4 人。
（3）在实验场地选定 2 点，用三角高程测量方法测出两点间的高差。

2.15.3 ［实验仪器与工具］

（1）经纬仪及脚架 1，标杆及标杆架各 1，小钢尺 1。
（2）自备计算器 1，3H 铅笔 1。

2.15.4 ［实验步骤］

1）准备

在实验场地选定相距 60 m 的 A、B 两点，假定 A 点高程 $H_A = 50$ m。

2）距离丈量

用钢尺量距的一般方法量出 A、B 两点的水平距离。

3）三角高程测量观测

（1）在 A 点安置经纬仪，对中、整平。用小钢尺量取仪器高 i_A。在 B 点竖立标杆，量取标杆高 v_B。用经纬仪瞄准标杆顶部，测出竖直角 α_{AB}。做好记录。

（2）返测。在 B 点安置经纬仪，A 点竖立标杆，同法进行观测，测出竖直角 α_{BA}。做好记录。

4）计算往返高差

$$h_{AB} = D_{AB} \cdot \tan\alpha_{AB} + i_A - v_B \quad (2\text{-}12)$$

$$h_{BA} = D_{BA} \cdot \tan\alpha_{BA} + i_B - v_A \quad (2\text{-}13)$$

如往返高差较差不大于容许值（$\pm 0.4D$）m（式中 D 以 km 为单位），计算平均高差，否则重测。

2.15.5 ［实验注意事项］

(1) 仪器、标杆高均量至 mm。
(2) 照准时应以横丝切准标杆顶端。
(3) 竖盘读数前,应使竖盘指标水准气泡居中。
(4) $D<400$ m 时,可不进行两差改正。

2.15.6 ［上交资料］

表 2-26　三角高程测量计算表

日期______年___月___日　天气______　　　观测者__________
仪器编号__________　　　记录者__________

待求点			
起算点			
观测		往	返
平均			
竖直角	L		
	R		
	α		
$D\tan\alpha$(m)			
仪器高 i(m)			
标杆高 v(m)			
两差改正 f(m)			
高差(m)			
往返测高差(m)			限差
平均高差(m)			
起算点高程(m)			
待求点高程(m)			

2.16 经纬仪测绘法测绘地形图

2.16.1 [实验目的]

(1) 掌握经纬仪测绘法进行碎部测量的方法。
(2) 掌握地物、地貌的绘制方法。

2.16.2 [实验计划]

(1) 综合性实验,实验时数 4～6 学时。
(2) 每组 4 人,观测、记录、绘图、立尺各 1 人,轮流作业。
(3) 每组测绘一小块 1∶500 地形图。

2.16.3 [实验仪器与工具]

(1) DJ6 经纬仪及配套脚架 1,平板及配套脚架 1,视距尺 1,标杆 1,皮尺 1,比例尺 1,半圆规 1,分规 1,绘图格网纸 1,记录板 1,图式 1,小针 1,测伞 1。
(2) 自备计算器 1,4H 铅笔 1,橡皮、小刀各 1,三角板 1 副。

2.16.4 [实验步骤]

1) 测图准备

根据给定测图比例尺及图根控制点坐标,在图上展绘测量控制点 A、B。

2) 碎部点测绘

(1) 在控制点 A 上安置经纬仪,对中、整平,用皮尺量取仪器高 i,参见图 3-2。
(2) 测图板安置在三脚架上,脚架安置在经纬仪旁 2～3 m 处。图纸平铺并固定于图板上,在图纸上用铅笔轻画出 AB 方向线。
(3) 在 B 点竖立标杆,用经纬仪盘左瞄准 B 点,并将水平度盘读数配置为 $0°00'00''$。
(4) 小针穿过半圆规(量角器)中心小孔,扎入图上 A 点。
(5) 跑尺员按拟定路线将视距尺立于碎部点上,观测员按视距测量方法观测。照准标尺,读取水平度盘读数 β,以及上丝、中丝、下丝读数;旋转竖盘指标水准管微动螺旋,使指标水准管气泡居中(若仪器有竖盘指标自动归零补偿器则省略此步),读取竖盘读数。做好记录(注意碎部点名称)。
(6) 在记录表中计算尺间隔 l、竖直角 α,并按式(2-14)计算水平距离和碎部点高程。

$$\begin{cases} D = Kl \cdot \cos^2\alpha \\ H_p = H_A + 0.5Kl \cdot \sin2\alpha + i - v \end{cases} \tag{2-14}$$

式中：v 为中丝读数。

(7) 用半圆规按水平角在图纸上确定碎部点方向；用分规在比例尺上按水平距离卡取长度(图上)，定出碎部点在图上的位置，并注记碎部点高程。

(8) 展绘碎部点后，对照实地，根据地物性质，按图式符号及时绘出地物，勾绘等高线。

(9) 当本站工作结束，对照实地检查地物、地貌测绘有无遗漏。然后用经纬仪重新瞄准 B 点，检查后视方向，偏差不应大于 $4'$。

(10) 仪器搬至 B 点，对中、整平，瞄准 A 点定向。同法测绘 B 点周围地形，直至指定范围内的地物、地貌测完为止。

(11) 任务完成后，不同小组交换图纸进行检查。除巡视检查外，还应对部分碎部点设站实测检查，发现问题及时纠正。

3) 图纸整饰

(1) 图纸整饰依据为《大比例尺地形图图式》。

(2) 图纸整饰顺序：先注记，后符号；先地物，后地貌；先图内，后图外。

(3) 在教师指导下，完成铅笔原图整饰。

2.16.5 [实验注意事项]

(1) 碎部点应选择地物、地貌特征点。

(2) 观测前应检验、校正经纬仪竖盘指标差，不应大于 $1'$。

(3) 应随测、随算、随绘。

(4) 测站观测若干点后，经纬仪应照准后视方向归零检查，如偏差大于 $4'$，应检查所测碎部点。

(5) 注意图面整洁，碎部点高程注记在点位右侧，字头朝北。

2.16.6 [上交资料]

表 2-27　碎部测量记录表

日期______年___月___日　天气______　　观测者：______　记录者：______

仪器编号______　指标差______　　视距常数______

测站：______　测站高程______m　　仪器高程______m

<table>
<tr><th rowspan="3">点号</th><th colspan="2">尺上读数</th><th rowspan="3">视距间隔
(m)</th><th colspan="2">竖直角</th><th rowspan="3">水平角
(° ′)</th><th rowspan="3">水平距离
(m)</th><th rowspan="3">高程
(m)</th><th rowspan="3">备注</th></tr>
<tr><th rowspan="2">中丝</th><th>下丝</th><th rowspan="2">竖盘读数
(° ′)</th><th rowspan="2">竖直角
(° ′)</th></tr>
<tr><th>上丝</th></tr>
<tr><td rowspan="2"></td><td rowspan="2"></td><td></td><td rowspan="2"></td><td rowspan="2"></td><td rowspan="2"></td><td rowspan="2"></td><td rowspan="2"></td><td rowspan="2"></td><td rowspan="2"></td></tr>
<tr><td></td></tr>
</table>

续表

点号	尺上读数		视距间隔（m）	竖直角		水平角（° ′）	水平距离（m）	高程（m）	备注
	中丝	下丝 上丝		竖盘读数（° ）′	竖直角（° ′）				

2.17 草图法数字测图外业数据采集

2.17.1 ［实验目的］

（1）掌握草图法数字测图数据采集的步骤。

(2) 掌握草图法数字测图草图的绘制。

2.17.2 [实验计划]

(1) 综合性实验,实验时数 2 学时。
(2) 每组 4 人,观测、绘草图、司镜各 1 人,轮流进行。
(3) 每人独立进行 1 次全站仪的安置与坐标数据采集。

2.17.3 [实验仪器与工具]

NTS-332 全站仪与脚架 1,棱镜 1,钢尺 1,草稿纸若干。

2.17.4 [实验步骤]

1) 安置全站仪

在测站点上对中、整平仪器,步骤如下:

① 松开三脚架,安置于测站上,使高度适当,架头大致水平。打开仪器箱,双手握住仪器支架,将仪器取出,置于架头上。一手紧握支架,一手拧紧连接螺旋。

② 粗对中:手握三脚架,观察光学对中器或激光对点器发射的激光束,移动三脚架使对中标志基本对准测站点中心,将三脚架踩紧。

③ 精对中:旋转脚螺旋使光学对点器与测点重合,对中误差≤±1 mm。

④ 粗平:伸缩三脚架架腿,使圆水准气泡居中。

⑤ 精平:转动照准部,旋转脚螺旋,使管水准气泡在相互垂直的两个方向居中。精平操作会略微破坏已完成的对中关系。

⑥ 再次精对中:如果对中标志没有准确对准测站点中心,则稍稍旋松连接螺旋,移动基座,精确对中(只能前后、左右移动,不能旋转),再拧紧连接螺旋。

⑦ 重复⑤、⑥两步,直到全站仪完全对中、整平。

2) 碎部点数据采集

(1) 建立文件名

打开全站仪电源,按(M)(F1)(数据采集)键,输入一个新文件,如 * * 13(* * 为专业字符代码,1 为班级序号,3 为组别序号,依此类推)。

(2) 输入测站点坐标

按(F1)(输入测站点)(F1)(输入)键,输入测站点名 *A* 与仪器高按(ENT)键,按(F3)(测站)(F4)(坐标)键,输入 *A* 点的三维坐标按(ENT)键,按(F4)(记录)(F4)([是])(F4)([是])键记录测站数据。

(3) 输入后视点坐标

按(F2)(输入后视点)(F1)(输入)键,输入后视点名 *B* 与棱镜高按(ENT)键,按(F3)

(后视)(F4)(坐标)键，输入 B 点的二维坐标按(ENT)键，按(F4)(测量)键，照准 B 点目标，按(F1)(角度)键完成后视定向操作。

(4) 测定记录碎部点坐标

在“数据采集(2/2)”菜单下按(F2)(设置)(F3)(存储设置)键(F1)(是)键，按(ESC)(ESC)▲键返回“数据采集(1/2)”菜单，按(F3)(测量)键，按(F1)(输入)键，输入碎部点号、编码与棱镜高，按(ENT)键，照准碎部点棱镜按(F3)(测量)(F4)(坐标)键即可测量碎部点坐标，并自动保存观测值与三维坐标于当前文件中。

测完一个再照准下一个碎部点进行测量，直至本测站的碎部点数据全部采集完，搬至下一测站点，开始下一测站点的仪器安置、定向与数据采集。

(5) 立尺与草图绘制

测图前，应根据测站位置、地形情况和跑点范围安排好大致跑点路线。跑点顺序应连贯，并考虑跑点线路逆时针旋转，按商定路线将棱镜立于各碎部点。领图员应跟随司镜员实地绘制碎部点草图，每观测 15 个碎部点后，观测、领图与司镜工作应轮换一次。

2.17.5 [实验注意事项]

1) 立棱镜注意事项

(1) 棱镜须竖直，棱镜面朝向全站仪。

(2) 棱镜高变动时，须告诉全站仪操作人员，更改棱镜高。

(3) 注意人员与棱镜安全，不要碰触到高压线等危险源。

2) 草图绘制注意事项

(1) 使用 3H 铅笔记录与绘图，草图定位应坐南朝北。

(2) 草图记录的点号应与全站仪存储的点号一致，每测 15～20 个碎部点，领图员应与仪器操作员核对点号是否一致。

(3) 保持草图整洁、清晰、形象、美观。

(4) 绘制草图尽量按规定的图式符号绘制，如果记不得图式符号，可以文字说明，到使用 CASS 绘制地形图时再在 CASS 相应的符号类别里寻找相应的图式符号。

(5) 每一个测站不遗漏碎部点，搬站之前须检查地物地貌是否测全。

3) 全站仪操作人员注意事项

(1) 精确对中整平，脚架踩实，测量时手不能扶在三脚架上。

(2) 直线定向时须检查定向是否正确。

(3) 每观测 15～20 个碎部点，须与领图员核对点号是否一致。

(4) 观测时管气泡偏离 2 格值，须重新对中整平，定向。

(5) 观测过程中，仪器没电，更换电池时须重新进行定向。

(6) 测站观测结束时，须对检查方向再次测量，看检核方向角度偏差是否符合要求。

2.17.6 ［上交资料］

表 2-28 草图法数字测图草图

专业________ 班级________ 组号________ 组长(签名)________ 仪器________ 编号________

测站点名:________ 坐标 $x=$________ $y=$________ $H=$________ 仪器高:________m

后视点名:________ 坐标 $x=$________ $y=$________ $H=$________

观测:________ 草图:________ 立镜:________ 日期:________年____月____日

本草图手簿 起始点号:________ 终止点号:______

2.18 全站仪数据通讯

2.18.1 [实验目的]

(1) 掌握全站仪采集的数据下传至电脑的方法。
(2) 掌握电脑的坐标数据上传至全站仪的方法。

2.18.2 [实验计划]

(1) 验证性实验,实验时数 2 学时。
(2) 每组 3 人,每人独立进行 1 次数据的上传与下传。

2.18.3 [实验仪器与工具]

全站仪 1,数据通讯线 1,电脑 1,CASS 软件或其他数据传输软件。

2.18.4 [实验步骤]

1) 全站仪采集的数据下传至电脑

(1) 数据线连接全站仪与 PC 机 COM 口(或 USB 口)。
(2) 设置全站仪通信参数。
(3) CASS 执行下拉菜单“数据/读取全站仪数据”命令,弹出“全站仪内存数据转换”对话框。
① “仪器”下拉列表——选择全站仪类型。
② 设置与全站仪相同通信参数,在“CASS 坐标文件”文本框输入坐标文件名和路径。
③ 单击“转换”按钮,按提示操作全站仪发送数据,单击对话框“确定”按钮。
(4) 将发送数据保存到设定的坐标文件,也可用全站仪通讯软件下传坐标并存储为坐标文件。

2) 电脑上的坐标数据上传至全站仪

(1) 数据线连接全站仪与 PC 机 COM 口(或 USB 口)。
(2) 设置全站仪通信参数。
(3) CASS 执行下拉菜单“数据/读取全站仪数据”命令,CASS 支持南方 NTS-320,拓普康 GTS-211、GTS-602,索佳 SET 系列等型号仪器。
(4) 在“CASS 坐标文件”文本框中输入坐标文件名和路径或选择要上传的数据,单击“打开”按钮。CASS 命令栏提示选择相通信口。

(5) 按提示操作全站仪接收数据,单击对话框“确定”按钮。

2.18.5 [实验注意事项]

(1) 全站仪与 PC 电脑的数据通信关键在于通信参数要设置一致。

(2) 带内存卡功能的全站仪,数据线连接全站仪与 PC 机或 USB 口后,开机,电脑将识别全站仪的存储设备,可以采用复制、粘贴进行数据的上传与下传。

2.19 数字地形图绘制

2.19.1 [实验目的]

(1) 了解数字成图软件 CASS 的操作界面与功能。

(2) 掌握使用 CASS 绘制数字地形图的方法。

2.19.2 [实验计划]

(1) 综合性实验,实验时数 2 学时。

(2) 每组 1 人,独立完成使用 CASS 绘制数字地形图。

2.19.3 [实验仪器与工具]

CASS 软件 1,电脑 1,CASS 软件目录下的演示文件 1。

2.19.4 [实验步骤]

1) AutoCAD 与 CASS 软件安装

2) 展点

点击“绘图处理”下的“展野外测点点号”命令,在 CASS 命令区根据提示输入成图比例尺,再选择需要打开的测量数据文件,如演示文件目录下的 Study. dat。

3) 绘平面图

灵活使用工具栏中的缩放工具进行局部放大以便绘图,相应的图式符号在屏幕右侧的屏幕菜单中寻找。如屏幕菜单的“交通设施”按钮中寻找平行等外公路并确定,开始绘制平行等外公路。绘制方法请参看本书第三部分绘制平面图。

4）绘制等高线

(1) 建立 DTM

执行下拉菜单“等高线/建立 DTM”命令，在弹出的“建立 DTM”对话框中点选“由数据文件生成”单选框，选择坐标文件 dgx. dat，单击“确定”按钮。CASS 显示区显示三角网——“SJW”图层。

(2) 修改数字地面模型

由于现实地貌的多样性、复杂性和某些高程点的缺陷，直接使用外业采集的碎部点很难一次性生成准确的数字高程模型，需要对生成的数字高程模型进行编辑修改，它是通过修改三角网来实现的。执行下拉菜单“等高线”下三角网命令，有删除三角形、过滤三角形（过滤指定角度三角形）、增加三角形、三角形内插点、删三角形顶点、重组三角形、删三角网、三角网存取（写入文件，读出文件）、修改结果存盘等操作。

(3) 绘制等高线

执行下拉菜单“等高线/绘制等高线”命令，在“绘制等值线”对话框中完成设置，单击“确定”按钮，CASS 自动绘制等高线。

(4) 等高线修饰

① 注记等高线

命令位于下拉菜单“等高线/等高线注记”。批量注记等高线，一般选“沿直线高程注记”。先执行 line 命令绘制一条垂直于等高线的辅助直线，直线方向应为注记高程字符字头朝向，执行“沿直线高程注记”命令，自动删除辅助直线。

② 等高线修剪

命令位于下拉菜单“等高线/等高线修剪”下，有“批量修剪等高线”“切除指定两线间等高线”“切除指定区域内等高线”“取消等高线消隐”等命令。

有关 DTM 建立、数字地面模型修改、等高线绘制、等高线修饰的详细操作，请参看本书第三部分等高线绘制。

5）地形图的整饰

(1) 添加注记

单击地物绘制菜单下的“文字注记”按钮，展开其命令列表，单击列表命令添加注记。

(2) 加图框

① CASS 参数配置

执行文件菜单下“文件/CASS 参数配置”命令，在弹出的对话框中的“图廓属性”选项卡，设置好外图框的注记内容。

② 标准图幅设置

执行下拉菜单“绘图处理/标准图幅（50×40）”命令，在弹出的对话框中完成图幅设置。

2.19.5 [实验注意事项]

(1) 数据处理前，要熟悉所采用软件的工作环境及使用方法。

(2) 绘制的数字地形图必须符合相应比例尺地形图图式规定。

2.19.6 [上交资料]

实验报告 1,数字地形图 1。

2.20 线路纵、横断面测量

2.20.1 [实验目的]

(1) 掌握线路纵、横断面水准测量方法。
(2) 掌握线路纵、横断面图的绘制。

2.20.2 [实验计划]

(1) 综合性实验,实验时数 2 学时。
(2) 每组 4 人,每组完成 1 个纵断面测量,1 个横断面测量。

2.20.3 [实验仪器与工具]

DS3 水准仪 1,水准尺及尺垫各 2,皮尺 1,方向架 1,木桩数个,锤子 1,记录板 1,自备计算器。

2.20.4 [实验步骤]

1) 线路纵断面图测绘

(1) 在实验场地选择长约 300 m 的路线,用皮尺量距,每隔 50 m 打一里程桩,并在坡度及方向变化处加桩,起点桩号 0+000。

在起点附近选择一固定点打入木桩,作为已知水准点,假定其高程为 50.000 m。

(2) 将水准仪安置于适当位置,后视水准点读数,设置转点 *TP*1 后前视转点,读数至 mm;然后依次中视 0+000,0+050……各桩,读数至 cm。

(3) 将水准仪迁至第 2 站,先后视 *TP*1 读数,然后前视 *TP*2 读数,再中视其他桩点读数。同法继续向前测量,直至线路终点。

为检核成果,再从终点测回至水准点,此时可不测各中间桩。

(4) 记录计算。根据记录计算闭合差 f_h。如 f_h 在容许值内,按以下公式计算各桩点高程,否则重测。

$$视线高程=后视点高程+后视读数$$

转点高程＝视线高程－前视读数

中桩高程＝视线高程－中桩读数

(5) 纵断面图的绘制。选水平距离比例尺 1∶1 000,高程比例尺 1∶100,将外业所测各桩点画在纵断面图上,依次连接各点得中桩地面线。

2) 线路横断面图测绘

(1) 选定 1 个中桩进行横断面测量。先用方向架确定线路中线的垂直方向(即横断面方向),如图 2-19 所示。在线路两侧各量测 20 m,里程桩至左、右各坡度变化点距离用皮尺量出,读数至 dm;高差用水准仪测定,读数至 cm。

(2) 根据记录计算各点高程。

(3) 横断面图的绘制。横断面图水平距离和高程比例尺均取 1∶100。横断面绘制可在现场边测边绘,及时与实地对照检查。

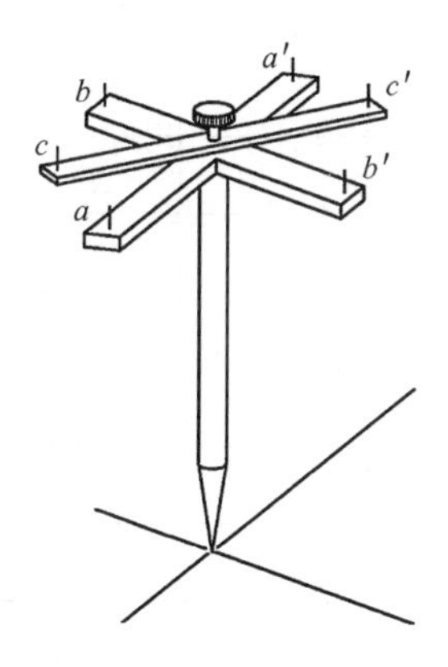

图 2-19 方向架定向

2.20.5 [实验注意事项]

(1) 中视读数无检核,读数应仔细认真,以防出错。
(2) 纵断面测量中,中桩测量精度要求不高,计算高程时可不调整闭合差。
(3) 横断测绘时应分清左、右,最好现场边测边绘。

2.20.6 [上交资料]

表 2-29 线路纵断面测量记录表

测站	桩号	水准尺读数(m)			高差(m)		仪器视线高程(m)	高程(m)
		后视	前视	中视	+	−		

续表

测站	桩号	水准尺读数(m)			高差(m)		仪器视线高程(m)	高程(m)
		后视	前视	中视	+	−		

表 2-30 线路横断面测量记录表

测站	地形点距中桩距离(m)	水准尺读数(m)			高差(m)		仪器视线高程(m)	高程(m)
		后视	前视	中视	+	−		

2.21 求积仪量算面积

2.21.1 ［实验目的］

(1) 认识机械求积仪和电子求积仪。
(2) 掌握用机械求积仪和电子求积仪测量面积的方法。

2.21.2 ［实验计划］

(1) 验证性实验,实验时数 1—2 学时。
(2) 在地形图上选择一闭合区域,用求积仪测出其面积。

2.21.3 ［实验仪器与工具］

机械求积仪 1,KP-90N 电子求积仪 1,图板 1,地形图 1,聚酯薄膜 1。

2.21.4 ［实验步骤］

1) 机械求积仪的使用

(1) 测定求积仪分划值

① 在图板上固定聚酯薄膜,在聚酯薄膜上绘制 10 cm×10 cm 的标准正方形。

② 使求积仪的极臂与描极臂大致保持垂直,将描迹针放在图形中心,然后固定极点。

③ 固定极点后,先使求积仪选择轮左(读数机件位于极点与描针连线左侧)位置,将描迹针放在起点 A,读取初始读数 n_1,做好记录;然后将描迹针沿图形顺时针方向绕行一周重回 A 点,读取终了读数 n_2,做好记录。

④ 极点固定不动,选择轮右(读数机件位于极点与描针连线右侧)位置,同法读取 n_1、n_2,做好记录。

⑤ 重复③、④两步,然后计算 4 组读数差值的平均数

$$\Delta n = \sum_{i=1}^{4}(n_2 - n_1)/4 \tag{2-15}$$

⑥ 计算求积仪分划值 $C = 100/\Delta n$。

(2) 用求积仪量算面积

① 在比例尺 1∶M 的地形图上选择一闭合区域,将图纸固定于图板上,画出轮廓线。

② 按轮左、轮右位置各测 2 次。

③ 计算读数差的平均值。

④ 计算图上面积和实地面积。

$$A_{图} = \Delta n \cdot C, A_{实} = A_{图} \cdot M^2 \tag{2-16}$$

2）电子求积仪的使用

(1) 设置比例尺和单位

按[ON]键，打开电源。按[SCALE]键，输入图纸纵向比例尺分母值；再按[SCALE]键，输入图纸横向比例尺分母值；最后按[SCALE]键，结束比例尺输入。

连续按[UNIT-1]键，选择公制单位；连续按[UNIT-2]键，选择面积单位 m^2。

(2) 一般图形面积量算

选择起点 A，使跟踪放大镜中心与其重合。按[START]键，蜂鸣器发出声响，显示窗显示"0"，显示窗左下方显示测量次数。顺时针沿图形轮廓线绕行一周，重回起点 A。按[MEMO]键，结束测量。此时蜂鸣器发出声响，显示窗显示"MEMO"字样，并显示测量面积。

(3) 环形图形面积量算

按[C/AC]键，清除记忆数据。

① 分别在图形外、内边界选择起点 A、B，使跟踪放大镜中心对准外边界起点 A，按[START]键，开始测量。顺时针沿外边界线绕行一周，重回起点 A，按[HOLD]键，锁定测量结果，暂停测量。

② 移动跟踪臂使跟踪放大镜中心对准内边界起点 B，按[HOLD]键，解除锁定，结束暂停状态。逆时针方向沿内边界线绕行一周，重回 B 点，按[MEMO]键，结束第一次测量。蜂鸣器发出声响，显示窗显示测量结果。

③ 重复①、②步骤，显示窗显示第二次测量结果；依次重复以上步骤，显示第三、四……次测量结果。按[AVER]键，显示测量平均值，并清除记忆。按[OFF]键关机。

2.21.5 [实验注意事项]

(1) 机械求积仪的测轮与游标如发生摩擦或空隙过大应进行调整，以确保测轮自由转动。

(2) 机械求积仪的描迹针应严格沿着图形轮廓线匀速绕行，中途不得停顿，同时应注意计数盘指针是否过零，每过零一次，读数应加 10 000。

(3) 使用电子求积仪时，如跟踪操作有误，应将跟踪放大镜对准起点，按[START]键，重新开始量算。

2.21.6 [上交资料]

表 2-31 求积仪分划值测定

求积仪位置		轮左位置		轮右位置	
测定次数		第一次	第二次	第一次	第二次
测轮读数	终点				
	起点				
	差值				
平均					
已知面积		100 cm^2			
分划值 C					

表 2-32 图形面积测定

求积仪位置		轮左位置		轮右位置	
测定次数		第一次	第二次	第一次	第二次
测轮读数	终点				
	起点				
	差值				
平均					
图形面积 $A_{图}$					
实地面积 $A_{地}$					

2.22 经纬仪+钢尺测设建筑物轴线

2.22.1 [实验目的]

(1) 掌握水平角测设方法。
(2) 掌握水平距离测设方法。
(3) 掌握点的平面位置测设方法。

2.22.2 [实验计划]

(1) 综合性实验,实验时数 2 学时。
(2) 每组 4 人。
(3) 每组完成一矩形建筑物轴线测设。

2.22.3 [实验仪器与工具]

(1) DJ6(或 DJ2)光学经纬仪及脚架 1,钢尺 1,标杆 1,斧子 1,木桩及小铁钉各 6。
(2) 自备计算器 1,3H 铅笔 1。

2.22.4 [实验步骤]

1) 准备

在实验场地选择相距 20 m 的 P、Q 两点,先定一点,打下木桩,并在桩顶钉一小钉,作为 P 点标志。然后选一方向,在该方向量取 20 m,定出 Q 点,打入木桩,钉上小钉。距离往返丈量,相对较差在 1/3 000 以内。

假定 P、Q 两点坐标为 P(500,500)、Q(500,520),建筑物设计坐标为 A(506.046,502.386)、B(516.743,514.284),建筑物宽度为 8 m,如图 2-20 所示。

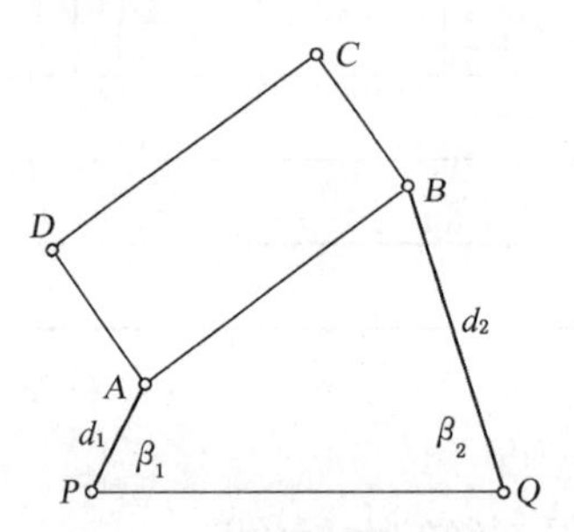

图 2-20 点的平面位置测设

2) 测设数据计算

用极坐标法测设点位,在 P 点测设 A,在 Q 点测设 B,测设数据 d_1、β_1、d_2、β_2 分别为:

$$d_1 = \sqrt{(x_A - x_P)^2 + (y_A - y_P)^2} \tag{2-17}$$

$$\alpha_{PQ} = \arctan[(y_Q - y_P)/(x_Q - x_P)] \tag{2-18}$$

$$\alpha_{PA} = \arctan[(y_A - y_P)/(x_A - x_P)] \tag{2-19}$$

$$\beta_1 = \alpha_{PQ} - \alpha_{PA} \tag{2-20}$$

$$d_2 = \sqrt{(x_B - x_Q)^2 + (y_B - y_Q)^2} \tag{2-21}$$

$$\alpha_{QP} = \arctan[(y_P - y_Q)/(x_P - x_Q)] \tag{2-22}$$

$$\alpha_{QB}=\arctan[(y_B-y_Q)/(x_B-x_Q)] \tag{2-23}$$

$$\beta_2=\alpha_{QB}-\alpha_{QP} \tag{2-24}$$

检核 $$d_{AB}=\sqrt{(x_B-x_A)^2+(y_B-y_A)^2} \tag{2-25}$$

3）点位测设

(1) A 点测设

在 P 点安置经纬仪，盘左瞄准 B，将水平度盘读数设置为 β_1，逆时针旋转照准部，当水平度盘读数为 0°00′00″时固定照准部，在视线方向定出一点 A'，从 P 起在 PA' 方向上量取 d_1，打入木桩。

再用盘左在木桩顶上测设 β_1，得 A' 点。同法用盘右测设 β_1，得 A'' 点。取 $A'A''$ 的中点 A_1，在 PA_1 方向上自点量取 d_1，得 A 点，钉上小钉。

(2) B 点测设

同理，在 Q 点安置经纬仪，自 P 点顺时针方向测设 β_2 角，定出 QB 方向线，在此方向上测设水平距离 d_2，得 B 点。

(3) 距离检核

用钢尺往、返丈量 AB 距离，取平均值，该平均值应与按设计坐标算得的距离相符。若相差在 1/3 000 内，符合要求，否则应重新测设 AB。

(4) C 点测设

经纬仪搬至 B 点，瞄准 A 点，顺时针测设 90°角，定出 BC 方向，在该方向上量取 8.000 m，得 C 点。

(5) D 点测设

经纬仪搬至 A 点，瞄准 B 点，逆时针测设 90°角，定出 AB 方向，在该方向上量取 8.000 m，得 D 点。

(6) 距离检核

用钢尺往、返丈量 CD 距离，取平均值，所得结果应与按设计坐标算得的距离相差在 1/3 000 内，否则应重新测设 CD。

2.22.5 ［实验注意事项］

(1) 放样点位前，应先计算测设数据，并经检核无误。

(2) 放样过程中必须及时检核。

2.22.6 [上交资料]

表 2-33 点位测设记录表

日期________年____月____日 天气________ 观测者____________

仪器编号____________ 记录者____________

边名	坐标值(m)				水平距离(m)	方位角	水平角
	x_1	y_1	x_2	y_2		° ′ ″	° ′ ″

表 2-34 点位测设检核记录表

边名	设计边长(m)	丈量边长(m)	相对误差

2.23 水准仪测设高程及坡度线

2.23.1 [实验目的]

(1) 掌握水准仪测设高程的方法。

(2) 掌握已知坡度坡度线的测设方法。

2.23.2 [实验计划]

(1) 实验时数为 2 学时。
(2) 每组 4 人,测设、记录、立尺、钉桩各 1 人,轮流作业。
(3) 每组测设 1 条坡度线。

2.23.3 [实验仪器与工具]

DS3 水准仪及脚架 1,水准尺 1,皮尺 1,斧子 1,木桩 10。

2.23.4 [实验步骤]

1) 准备

在实验场地选定相距 80 m 的 A、B 两点,先选一点 A,打入木桩,然后选一方向,在此方向上量取 80 m,定出 B 点。

假定 A 点高程 $H_A = 50$ m,AB 坡度 i_{AB} 为 -1%,要在 AB 方向上每隔 20 m 定出一点,使各桩点高程位于同一坡度线上,则 B 点高程为 $H_B = H_A + i_{AB} \times D = 49.200$ m。

2) B 点高程测设

(1) 在 A、B 两点之间安置水准仪,A 桩上立水准尺,读取 A 尺读数 a,则仪器高为 $H_i = H_A + a$。

(2) 将水准尺紧贴 B 桩侧面,上下移动水准尺,当水准仪在 B 尺上读数为 $b = H_i - H_B$ 时,固定水准尺,紧靠尺底在 B 桩侧面画一横线,此横线高程即设计高程 H_B。

(3) 将水准标尺底面置于设计高程处,测定 A、B 间高差,进行检核。观测高差与设计值应在限差之内。

3) 坡度线测设

(1) 将水准仪安置在 A 点,并使仪器基座上的一只脚螺旋位于 AB 方向线上,另两只脚螺旋的连线与 AB 垂直,量取仪器高 i_A。用望远镜瞄准立于 B 点的水准尺,旋转位于 AB 方向上的脚螺旋,使十字丝横丝在水准尺上的读数为仪器高 i_A,此时仪器视线平行于坡度线 AB。

(2) 在 BA 间每隔 20 m 定出 1、2、3 各点,打入木桩,将水准尺紧贴 1 桩侧,上下移动水准尺,当水准仪在尺上读数为仪器高 i_A时,固定水准尺,紧靠尺底在 1 桩侧面画一横线,则该横线位于设计坡度线上。同法测设 2、3 各点,如图 2-21 所示。

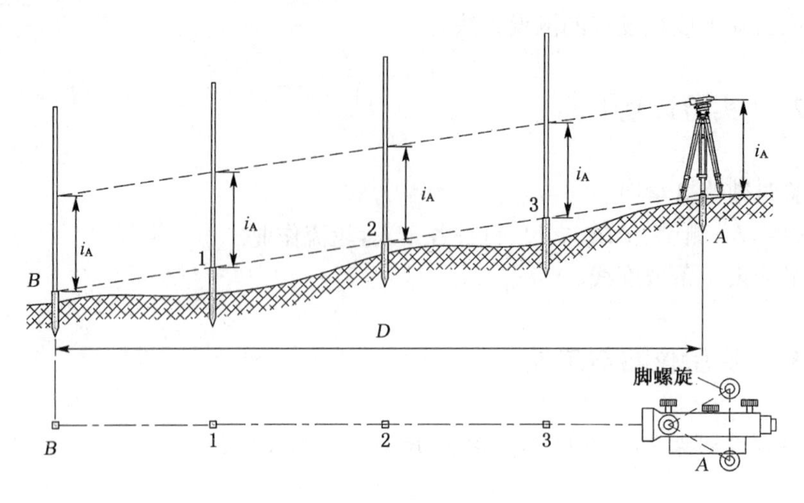

图 2-21　坡度线测设

2.23.5 [实验注意事项]

(1) 当受木桩长度限制,无法标出测设位置时,可标出与测设位置相差一固定数值的位置线,在线上标明差值。

(2) 测设高程时,每次读数前均应使符合气泡严格符合。

2.23.6 [上交资料]

表 2-35　坡度线测设记录表

日期________年___月___日　天气________　　　　　　　　　　　　观测者__________

仪器编号__________　　　　　　　　　　　　　　　　　　　　　　　记录者__________

水准点	水准点高程(m)	后视读数(m)	视线高程(m)	测设点号	设计高程(m)	前视应读数(m)	备注

2.24 全站仪数字化坐标放样

2.24.1 [实验目的]

掌握全站仪数字化坐标放样的方法和步骤。

2.24.2 [实验计划]

(1) 综合性实验,实验时数 2 学时。
(2) 每组 4 人,仪器操作、棱镜各 1 人,轮流进行。
(3) 每人独立进行 1 次全站仪的数字化坐标放样操作。

2.24.3 [实验仪器与工具]

全站仪与脚架 1,棱镜 1,2 m 钢尺 1,测伞 1,对讲机 2,铁锤 2,木桩若干,小铁钉若干。

2.24.4 [实验步骤]

1) 选择坐标放样文件

先将控制点和放样点坐标上传至全站仪坐标数据文件。

NTS-330 系列全站仪按以下操作:按S.O F2(调用)键,按▲或▼键移动光标,从工作内存文件列表中选择一个文件作为当前文件,按ENT键返回放样界面。

2) 设置测站点

按F1(输入测站点)F2(调用)键,移动光标到测站点,按ENT F4([是])键,用数字键输入仪器高,按ENT键返回放样界面。

如全站仪当前坐标文件没有点名,可参照实验 2.17,按F3(测站)F4(坐标)键,输入测站点的三维坐标按ENT键,按F4(继续)F4([是])键记录测站数据。

3) 设置后视点

按F2(输入后视点)F2(调用)键,移动光标到后视点,按ENT F4([是])键,屏幕显示仪器计算出的测站至后视点方位角;旋转全站仪照准部瞄准棱镜中心,按F4([是])键,将后视方向水平度盘读数设置为后视方位,并返回放样界面。

后视点坐标也可参照实验 2.17 用数字键输入。

4）输入放样点

按 F3（输入放样点）F2（调用）键，移动光标到放样点，按 ENT F4（[是]）键，用数字键输入棱镜高，按 ENT 键确认；屏幕显示仪器计算出的测站至放样点方位 HR 以及平距 HD，按 F4（继续）键，屏幕显示当前方向水平度盘读数 HR 和 dHR，旋转照准部使 dHR 值等于 0，指挥司镜员移动棱镜到望远镜视准轴方向上，照准棱镜中心，按 F2（距离）键测距，屏幕显示实测平距与设计平距之差 dH，若 dH<0 时，应将棱镜向远离仪器方向移动 dH，否则，将棱镜向仪器方向移动 dH，直至 dH=0 为止。当 dH=0 时，立镜点即为放样点位置。屏幕显示的 dZ 为填挖高度，正为挖方，负为填方，填挖方高度标记做在地面上，旁设一指示桩。

测站与镜站的手势配合如图 2-22 所示。当棱镜位于望远镜视场外时，使用望远镜光学粗瞄器指挥棱镜快速移动，测站手势如图 2-22(a)所示；当棱镜移动到望远镜视场内时，应上仰或下俯望远镜，使望远镜基本照准棱镜，指挥棱镜缓慢移动，测站手势如图 2-22(b)所示；当棱镜接近望远镜视准轴时，应下俯望远镜，照准棱镜对中杆底部，指挥棱镜做微小移动，测站手势如图 2-22(c)所示；当棱镜对中杆底部已移至仪器视线方向时，测站手势如图 2-22(d)所示，立镜员应立即整平棱镜对中杆，完成操作后，应通过手势告知测站，如图 2-22(e)所示。

在移动棱镜趋近设计点的过程中，按 F1 键（测量）为测距，按 F2 键（角度）返回上一界面，按 F3 键（坐标）为测量镜站点坐标，按 F4（换点）键，进入下一个放样点的测设。

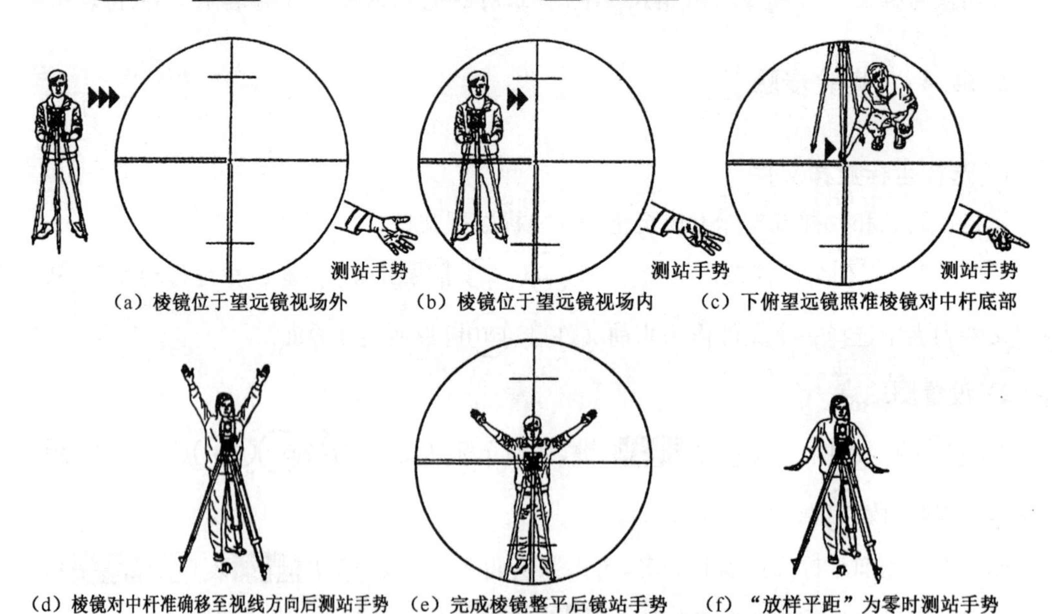

(a) 棱镜位于望远镜视场外　(b) 棱镜位于望远镜视场内　(c) 下俯望远镜照准棱镜对中杆底部

(d) 棱镜对中杆准确移至视线方向后测站手势　(e) 完成棱镜整平后镜站手势　(f) “放样平距”为零时测站手势

图 2-22　使用全站仪放样点的平面位置测站与镜站手势配合

2.24.5 [实验注意事项]

对于后期需要开挖的一些点的放样，可以不使用三脚架架设棱镜，直接让棱镜气泡居中即可。

2.24.6 [上交资料]

表 2-36 全站仪数字化放样记录表

全站仪放样点的平面位置

专业(班级)__________ 组号_______ 组长(签名)_______ 仪器_______ 编号________

测量时间 自___:___至___:___ 日期_______年___月___日 天气_______ 成像_______

已知点及放样点坐标(m)

	点名(号)	x	y	H	备注
测站点	K10	70 000.000	40 000.000	50.000	
后视点	K11	70 060.000	39 950.000		320°11′40″
检查点					
放样点	*A*	70 002.214	39 995.452		
	B	70 007.656	39 992.925		
	C	70 011.025	40 000.181		
	D	70 005.583	40 002.708		

放样点检查坐标

点名(号)	x'	y'	$dx=x'-x$	$dy=y'-y$	备注
A					
B					
C					
D					

边长、角度放样检查结果

边名	设计值(m)	检查值(m)	相对较差	备　　注
AB	8.000			
BC	6.000			
CD	8.000			
DA	6.000			

测设草图:

2.25 圆曲线测设

2.25.1 [实验目的]

(1) 掌握圆曲线主点元素计算与测设方法。
(2) 掌握偏角法测设圆曲线细部点的方法。

2.25.2 [实验计划]

(1) 综合性实验,实验时数 2 学时。
(2) 每组 4 人,每组完成一段圆曲线测设。

2.25.3 [实验仪器与工具]

DJ6 经纬仪及脚架 1,钢尺 1,标杆及标杆架 2,测钎 1 组,木桩及小钉各 3,锤子 1,记录板 1,自备计算器。

2.25.4 [实验步骤]

1) 圆曲线主点测设

(1) 准备

在空旷场地打入一木桩并钉一小钉作为路线交点 JD,然后向两个方向延伸 30 m 以上,定出两个转点 ZD_1 和 ZD_2,插上测钎,如图 2-23 所示。设圆曲线半径 $R=50$ m。JD 桩号 1+200.00。

(2) 转向角测定

在 JD 安置经纬仪,依测回法一测回测定转折角 β,计算路线偏角 $\alpha = 180° - \beta$。

(3) 圆曲线主点测设元素计算

圆曲线主点测设元素有切线长 T、曲线长 L、外矢距 E、切曲差 q。依据偏角 α 及半径 R 按以下公式计算:

$$T = R \cdot \tan \frac{\alpha}{2} \tag{2-26}$$

$$L = R \cdot \frac{\pi}{180°}\alpha \tag{2-27}$$

$$E = R \cdot \left(\sec \frac{\alpha}{2} - 1\right) \tag{2-28}$$

$$q = 2T - L \tag{2-29}$$

(4) 主点桩号计算

$$\begin{cases} ZY\text{ 桩号} = JD\text{ 桩号} - T \\ QZ\text{ 桩号} = ZY\text{ 桩号} + \dfrac{L}{2} \\ YZ\text{ 桩号} = QZ\text{ 桩号} + \dfrac{L}{2} \end{cases} \tag{2-30}$$

检核：
$$YZ\text{ 桩号} = JD\text{ 桩号} + T - q \tag{2-31}$$

(5) 主点测设

① 测设直圆点 ZY。在 JD 安置经纬仪，经纬仪瞄准 ZD_1 定出方向，用钢尺在该方向上测设切线长 T，定出 ZY。

② 测设圆直点 YZ。经纬仪瞄准 ZD_2 定出方向，用钢尺在该方向上测设切线长 T，定出 YZ。

③ 测设曲中点 QZ。在 JD 经纬仪后视 YZ，水平度盘读数置于 $0°00'00''$，照准部旋转 $\frac{\beta}{2}$，定出转折角的分角线方向，用钢尺测设外矢距 E，定出 QZ。

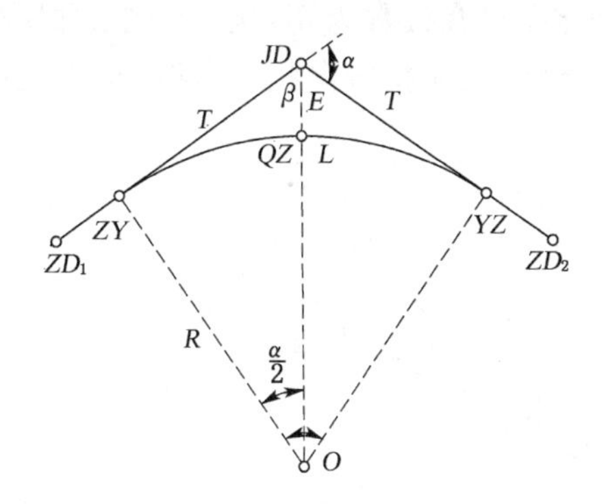

图 2-23 圆曲线主点

2）偏角法测设圆曲线细部

(1) 测设数据计算

设圆曲线上每 10 m 测设里程桩，即 $l_0=10$ m，l_1 为曲线上第一个整 10 m 桩 P_1 与 ZY 点的弧长，如图 2-24 所示。偏角法测设时，按下式计算测设 P_1 点的偏角 δ_1 和以后每增加 10 m 的偏角增量 δ_0。

$$\begin{cases} \delta_1 = \dfrac{l_1}{2R} \times \dfrac{180}{\pi} \\ \delta_0 = \dfrac{l_0}{2R} \times \dfrac{180}{\pi} \end{cases} \tag{2-32}$$

细部点的偏角按下式计算：

$$\begin{cases}\delta_2 = \delta_1 + \delta_0 \\ \delta_3 = \delta_1 + 2\delta_0 \\ \quad\cdots\cdots \\ \delta_i = \delta_1 + (i-1)\delta_0\end{cases} \tag{2-33}$$

ZY 点至曲线上任一细部点的弦长按下式计算：

$$c_i = 2R\sin\delta_i \tag{2-34}$$

曲线上相邻整桩间的弦长按下式计算：

$$c_0 = 2R\sin\delta_0 \tag{2-35}$$

曲线上任意两点间的弧长与弦长之差(弦弧差)按下式计算：

$$l - c = \frac{l^3}{24R^2} \tag{2-36}$$

(2) 详细测设

① 安置经纬仪于 ZY,瞄准 JD,水平度盘读数配置为 $0°00'00''$。

② 顺时针旋转照准部,使水平度盘读数为 δ_1,从 ZY 在仪器所指视线上用钢尺测设 c_1,得 P_1 点,用测钎标出。

③ 顺时针旋转照准部,使水平度盘读数为 δ_2,从 ZY 在仪器所指视线上用钢尺测设 c_2(或从 P_1 起用钢尺测设弦长 c_0,与经纬仪所指方向相交),得 P_2 点,也用测钎标出,以此类推,测设其他各桩。

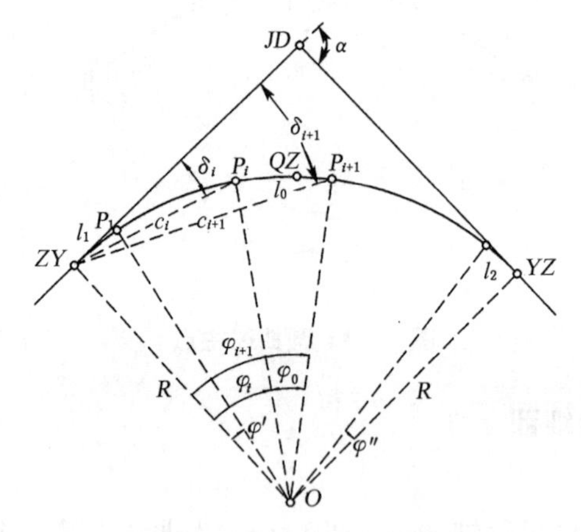

图 2-24　偏角法测设圆曲线

④ 测设至 YZ,作为检核。YZ 的偏角应等于 $\frac{\alpha}{2}$,从曲线上最后一点量至 YZ,应等于计算的弦长。如果两者不符合,其闭合差不应超过如下规定:半径方向(横向)为 ±0.1 m;切线方向(纵向)为 $\pm\frac{L}{1\,000}$。

2.25.5 ［实验注意事项］

（1）圆曲线主点及细部测设数据应由两人独立计算，校核无误后才能进行测设。
（2）圆曲线较长时，可自 ZY 和 YZ 分别向 QZ 测设，以缩短视线长度。
（3）本实验占地较广，仪器工具较多，应及时收拾，防止遗失。

2.25.6 ［上交资料］

表 2-37　圆曲线主点测设元素计算

交点 JD		切线长 T	
转折角 β		曲线长 L	
偏角 α		外矢距 E	
圆曲线半径 R		切曲差 q	

表 2-38　圆曲线细部测设数据计算

相邻桩点弧长 l (m)	偏角 δ (° ′ ″)	弦长 c (m)	相邻桩点弦长 c (m)	

2.26 GNSS-RTK 碎部测量

2.26.1 [实验目的]

(1) 认识 RTK 的设备组成。
(2) 掌握 RTK 碎部测量的方法。

2.26.2 [实验计划]

(1) 验证性实验,实验时数 2 学时。
(2) 每组 4 人,守基准站 1 人,移动站 1 人,草图绘制 1 人,轮流进行。
(3) 每人独立进行 1 次 GNSS-RTK 碎部测量数据采集。

2.26.3 [实验仪器与工具]

实验仪器设备包括基准站与移动站两部分。
(1) 基准站部分包括:双频 RTK-GNSS 接收机套件、数据发送电台套件、三脚架、电源。
(2) 移动站部分包括:双频 RTK-GNSS 接收机套件、数据接收电台套件、电源、背包、手持控制器、对中杆。

2.26.4 [实验步骤]

1) 认识 RTK 系统的各个部件及连接方法

GNSS-RTK 系统的仪器设备较多,先在指导老师的介绍下认识 RTK 系统主要部件外观、名称、连接方法,按图对照仪器的实物,找到各个部件,熟悉它们的名称、功能、连接方法。

2) 基准站的选定与建立

在已有控制点中,选择地势高、交通方便、天空较开阔,有利于卫星信号的接收与数据链发射、土质坚实、不易破坏的点作为基准站。

3) 野外作业

(1) 在基准站上安置 GNSS 接收机,将天线、电台、电源、手持控制器和电台与接收机连接。

(2) 通过手持控制器进行 RTK 相关设置后输入基准站已知坐标和天线高,启动基准站接收机。

(3) 将流动站 GNSS 接收机与天线、电台、电源、控制器等正确连接。

(4) 进行 RTK 测量初始化:初始化可以采用静态、OTF(运动中初始化)两种方法。初始化时间长短与距基准站的距离有关,两者距离越近,初始化越快。推荐采用静态初始化方式,OTF 方式一般在测量船、汽车等运动载体上使用。

(5) 初始化成功后,RTK 启动完成,即可进行 RTK 碎部测量。

2.26.5 [实验注意事项]

(1) 基准站应选择安置在地势较高的控制点上,周围无高度角超过 15°的障碍物。无信号反射物(大面积水域、大型建筑物等),无高压线、电视台、无线电发射站、微波站等干扰源。远离人群以及交通比较繁忙的地段,避免人为的碰撞或移动。

(2) 正确输入基准站的相关数据,包括点名、坐标、高程、天线高等。

2.26.6 [上交资料]

实验报告与测量数据。

3 测量实习

3.1 测量实习概述

3.1.1 目的与任务

利用“测量学”的基本理论、基本知识和基本方法，完成生产实际中的测定和测设工作。测量实习是“测量学”教学的重要组成部分，除验证课堂理论外，也是巩固和深化课堂知识的重要环节，还是培养学生动手能力、协作精神、严谨实践科学态度和过硬工作作风的手段。通过地形图测绘和建筑物或道路曲线测设，增强测定和测设地面点位的概念，训练操作仪器观测、计算、绘图的基本技能，为今后解决实际工作中的测量问题打下良好基础。

完成测绘图幅范围约 20 cm×20 cm 的 1∶500 地形图 1 幅；在所测地形图上，设计 1 幢建(构)筑物，计算出建筑物外廓轴线交点或构筑物主点坐标，将其测设于实地，并做必要的检核；了解 GNSS 接收机等新型测量仪器的构造与使用方法。

要求：掌握地形图测绘的基本作业过程和作业方法，掌握测量基本操作规范，能在规定时间内完成测区地形图测绘和建(构)筑物测设。地形图绘制准确、完整，图示、注记规范，控制点分布合理。

3.1.2 测量实习的组织实施及进度

实习期间主讲教师全面负责，另配 1 名辅导教师，共同承担实习期间辅导工作。

实习以小组为单位，原则上每组 4 人。每组选组长 1 人，负责组内实习分工、仪器设备管理及考勤。组长应注意合理均匀地分配组员任务，使每项工作由组员轮流担负，不可为追求进度而固定组员工作，测量进度不作为实习成绩评定依据；要注意根据本组情况，适时召集组员，总结经验教训，加强组员间的协调，提高作业效率。

表 3-1 实习参考进度(2 周)

<table>
<tr><th colspan="2">实习内容</th><th>参考时间</th><th>任务要求</th></tr>
<tr><td colspan="2">布置任务、借领仪器、踏勘测区</td><td>0.5 d</td><td>做好出测准备</td></tr>
<tr><td rowspan="4">地形图测绘</td><td>控制测量外业</td><td>2.5 d</td><td rowspan="4">每组绘制 1∶500 地形图 1 幅</td></tr>
<tr><td>控制测量内业
绘制坐标格网
展绘控制点</td><td>0.5 d</td></tr>
<tr><td>碎部测量</td><td>3 d</td></tr>
<tr><td>地形图检查整饰</td><td>0.5 d</td></tr>
<tr><td>建筑物放样高程测设</td><td rowspan="5">根据需要选择1～3项</td><td rowspan="5">2 d</td><td>测设一建筑物</td></tr>
<tr><td>四等水准测量</td><td>施测 2～3 km 四等水准</td></tr>
<tr><td>等高线地形图测绘</td><td>测绘 10 cm×20 cm 1∶500 等高线地形图</td></tr>
<tr><td>线路测量</td><td>施测 200～300 m 线路纵、横断面图</td></tr>
<tr><td>断面测量</td><td>测设一带圆曲线的线路</td></tr>
<tr><td colspan="2">总结考核交还仪器</td><td>1 d</td><td>编写实习报告、考核、归还仪器</td></tr>
<tr><td colspan="2">合　计</td><td colspan="2">10 d</td></tr>
</table>

3.1.3 测量实习的内容

1）大比例尺地形图测绘

大比例尺地形图测绘工作包括：

(1) 准备

准备工作主要是指测区准备、仪器及其他设备准备，一般由教师进行。

(2) 控制测量

从整体到局部、先控制后碎部是测量工作的基本原则。任何测量工作都要先进行整体布置，然后再分区、分期、分批实施。即先建立平面及高程控制网，再进行碎部测量及其他测量工作。测量教学实习中的控制测量工作主要是图根平面及高程控制测量。

(3) 碎部测量

碎部测量是测量实习的中心工作。通过碎部测量，把测定的碎部点人工展绘在图上，称为白纸测图。碎部测量结果存储在计算机内，根据测站坐标及野外采集的碎部点坐标，利用计算机绘制地形图，即数字测图。两种方法都是教学实习的主要碎部测量方法。

(4) 地形图的拼接、检查与整饰

当测区面积较大，采用分幅测图时，就要进行图纸拼接，以便检查、消除因测量误差和绘图误差引起的相邻图幅衔接处的地形偏差。无图纸拼接时，可不进行此项工作。

碎部测量完成后，需对成图质量进行全面检查，检查分室内检查和室外检查两项。

以上工作完成后，应按照《地形图图式》规定的符号和格式，用铅笔对原图进行整饰，以保证图面真实、准确、清晰、美观。

2）地形图的判读

（1）地形图的定向

在地形图上找到当前站立位置，再找一个距当前位置较远的明显目标（如明显地物、山头、鞍部、控制点、道路交叉口等），并在地形图上找到该点，使图上和实地的目标点位于同一方向。

（2）地形图识读

读图的目的是通过对图式符号的判读识别地物、地貌的形状、大小、位置及其相互关系。有意识地培养读图能力有助于提高碎部测量和应用地形图的水平。

3）建（构）筑物点位测设

点位测设包括图上设计及放样数据的计算、点的平面位置和高程的测设。在小组所测地形上自行设计一幢建（构）筑物，确定设计坐标与高程，并进行测设和检核。

4）线路测量

线路测量包括定线测量、中线测量、圆曲线测设、纵横断面测量等。

（1）定线测量

在地形图上设计出至少含有一个转点的线路中线，根据中线附近的控制点或明显地物点，采用直接定交点法或其他方法放线。放线数据可用解析法或图解法求得。

（2）中线测量

根据设计意图和实际情况，采用解析法、图解法或现场选线法定出百米桩，并在地形变化、地质变化、人工建筑物等处定出地形加桩、关系加桩。中线定线时可采用经纬仪或目测定向，桩点横向偏差不大于5 cm。中线量距可用钢尺丈量两次，纵向相对误差不大于1/1 000。

（3）圆曲线测设

先计算圆曲线要素：切线长 T、曲线长 L、外矢距 E、切曲差 q、曲线上主点里程。曲线计算中，角度取至分，距离取至厘米。

根据曲线要素，在实地定出曲线起点 ZY、中点 QZ、终点 YZ。测设方法可用偏角法、切线支距法等。折角可用DJ6经纬仪观测一测回测定，曲线上中桩间距一般为10～40 m，曲线测设的纵向相对误差不大于1/1 000，横向误差限差为±7.5 cm。

（4）纵、横断面测量

纵断面测量一般以相邻两个水准点为一测段，从一个水准点出发，逐个施测中桩地面高程，附合到另一个水准点上。中间桩高程取至厘米。相邻水准点高差与纵断面检测高差的较差不大于2 cm。

根据测得的中桩高程，绘制纵断面图。纵断面图里程比例尺常用1∶5 000、1∶2 000、1∶1 000，为突出显示地面起伏，高程比例尺取里程比例尺的10倍。

横断面应选择在地面坡度变化较大的地方，每组测3～5个中间桩的横断面。横断面方向用方向架测定。断面上变坡点的距离和高差可用标杆皮尺法、斜距法和经纬仪视距法测定。横断面施测宽度一般自中线两侧各测20～30 m。

根据横断面测算成果绘制横断面图。横断面图的高差和距离比例尺相同，通常采用1∶200。

5）实习成果整理、技术总结和考核

实习过程中，外业观测数据必须记录在手簿（规定表格）上，如遇测错、记错或超限情况，应按规定方法改正；内业计算也必须在规定表格上进行。全部实习结束后，还应对测量实习进行技术总结。因此实习过程中应做好实习日志，为成果整理做准备。实习成果有个人成果和小组成果。个人实习成果包括：计算成果表及技术总结报告；小组成果包括：仪器检校成果，控制测量观测记录手簿，控制点成果表，碎部测量记录手簿，1∶500 或 1∶1 000 地形图，线路纵横断面测量记录计算表等。

测量实习结束后立即进行考核。考核依据包括：实习中的表现、出勤情况、对测量学知识的掌握程度、实际作业技能熟练程度、分析问题及解决问题的能力、完成任务的质量、所交成果资料、仪器工具爱护情况、实习报告的编写水平等。

3.2 测量实习的准备工作

测图前应先布测测区控制网，以获得图根控制测量所需要的平面控制与高程控制的起算数据。将首级控制点展绘在大图纸上，以进行地形图分幅，并据此划定实习小组测图范围。

首级控制测量完成后，给各实习小组分发控制点成果表及测区地形图，作为实习小组踏勘、选点、测量、计算的依据。

3.2.1 实习动员

测量实习是综合性教学实践环节，时间较长，工作流程较为复杂。实习动员目的：①为确保实习任务顺利完成，使学生在思想上高度重视，认识实习的重要性。②需要明确实习任务和实施计划，实习分组和实习范围划分等安排。③强调实习纪律，明确作息时间、请假制度和考核制度。④明确测量仪器工具的申领、使用、保管和损耗赔偿规定。⑤为保证实习顺利进行，要重视人身及仪器设备安全的各种注意事项。

3.2.2 测量仪器与工具的准备

1）测量仪器工具的领取

实习中，不同阶段、不同测量方法所使用的仪器设备不同，小组根据测量方法配备仪器与工具。

图根控制测量可采用经纬仪导线，也可采用光电测距导线和图根水准测量，或全站仪三维导线测量。碎部测量可根据仪器设备条件采用经纬仪测绘法或数字测图方法。

（1）图根控制测量

表 3-2　图根控制测量仪器与工具

仪器工具	数　量	用　途
测区原有地形图	1 张	踏勘、选点、地形判读
控制点成果表	1 套	已知数据
木桩、小钉	各约 6 根	图根点标志
斧子	1 把	钉桩
红油漆	0.1 升	标志点位
毛笔	1 支	画标志
水准仪及脚架	1 套	水准测量
水准尺	2 把	水准测量
尺垫	2 个	水准测量
经纬仪及脚架	1 套	水平角测量
标杆	3 根	水平角及距离测量
测钎	1 束	水平角及距离测量
红外测距仪带脚架或钢尺	1 套,1 把	距离测量
反射棱镜带基座脚架	2 套	距离测量
记录板	1 块	记录
记录、计算用品	1 套	记录、计算

(2) 碎部测量(经纬仪测绘法)

表 3-3　经纬仪测图仪器与工具

仪器工具	数　量	用　途
测区原有地形图	1 张	地性判读、草图勾绘
聚酯薄膜图纸	1 张	地形测绘底图
经纬仪及脚架	1 套	碎部测量
皮尺	1 把	量距、量仪器高
水准尺	2 把	碎部测量
斧子、小钉	1 把,若干	支点
记录用品	1 套	记录及计算
平板带脚架	1 套	绘图
30 cm 半圆规	1 个	绘图
三棱尺或复式比例尺	1 把	绘图
三角板	1 套	绘图
记录板	1 块	记录

续表

仪器工具	数　量	用　途
绘图仪(10件/套)	1套	绘图
60 cm直尺或丁字尺	1根	绘制方格网
科学计算器	1个	计算
模板、擦图片、玻璃棒	各1个(块)	地形图整饰
铅笔、橡皮、小刀、胶带纸、小针、草图纸	若干	地形图测绘及整饰

(3) 碎部测量(数字测图法)

表3-4　数字测图仪器与工具

仪器工具	数量	用　途	备注
测区原有地形图	1张	地性判读、草图勾绘	外业
5″全站仪及脚架	1套	碎部点数据采集	外业
反射单棱镜带基座脚架	2套	碎部点数据采集	外业
2 m钢卷尺	1把	量仪器高	外业
30 m或50 m皮尺	1把	量距	外业
斧子	1把	支点	外业
小钉	若干	支点	外业
记录板	1块	绘草图、记录	外业
铅笔、三角板等	1套	绘草图、记录	外业
草图纸	1本	勾绘草图	外业
PC机及相应外部设备	1套	地形图绘制及图形编辑、打印成果	
串行通信电缆	1根	连接PC机与全站仪	
AutoCAD 2004及数字成图软件	光盘	数据通信、地形绘制、图形编辑	

2) 测量仪器的检验与校正

(1) 仪器的一般检查

① 仪器检查

a. 仪器表面无碰伤,盖板及部件结合整齐,密封性好;仪器与三脚架连接稳固。

b. 仪器转动灵活,制、微动螺旋工作良好。

c. 水准器状态良好。

d. 望远镜对光清晰,目镜调焦螺旋使用正常。

e. 读数窗成像清晰。

电子仪器还应检查操作键盘按键功能是否正常,反应是否灵敏,信号及信息显示是否清晰、完整,功能是否正常。

② 三脚架检查。三脚架伸缩灵活,脚架紧固螺旋功能正常。

③ 水准尺检查。水准尺尺身平直,尺面分划清晰。

④ 反射棱镜检查。反射镜与安装设备配套,反射镜镜面无裂痕。

(2) 仪器的检验与校正

① 水准仪的检验与校正参照实验 2.3 进行。

② 经纬仪的检验与校正参照实验 2.8 进行。

3.2.3 技术资料的准备

除教材外,实习中采用的技术标准以测量规范为依据。测量实习中用到以下主要规范,可根据专业需要配备技术资料。

表 3-5 部分测绘技术标准

规 范 名 称	标准类别
《城市测量规范》(CJJ/T 8—2011)	行业标准
《工程测量规范》(GB 50026—2007)	国家标准
《1∶500 1∶1 000 1∶2 000 地形图图式》(GB/T 20257.1—2007)	国家标准
《公路勘测规范》(JTG C10—2007)	行业标准

3.3 图根控制测量

3.3.1 图根控制测量的外业工作

1) 踏勘选点

小组在指定测区内进行踏勘,了解测区地形条件和地物分布情况,根据测区范围及测图要求确定布网方案。选点时应在相邻两点各站一人,相互通视后方可确定点位。

选点时注意以下事项:

(1) 点位应选在土质坚实、便于保存标志及安置仪器处。

(2) 视野开阔,便于进行地物、地貌碎部测量。

(3) 相邻点通视良好,地势较平坦,便于测角和量距。

(4) 相邻导线边长度应大致相等。

(5) 控制点应有足够密度,且分布均匀,便于控制整个测区。

(6) 各小组控制点应合理分布,避免互相干扰和遮挡视线。

点位选定后应立即做好标记。若为土质地面可直接打入木桩,并在桩顶钉一小钉或画"十"字作为标记;若为水泥等硬化地面可用油漆画"十"字作为标记。在标记旁边的固定地面上用油漆标明导线点位置并编写组别与点号。导线点应分等级统一编号以便资料管理。为使所测角度既是内角也是左角，闭合导线点宜按逆时针方向顺序编号。

2）外业观测工作

（1）导线转折角测量

导线转折角是由相邻导线边构成的水平角。附合导线一般测定导线延伸方向的左角，闭合导线则一般测定内角。图根导线转折角可用 DJ6 经纬仪按测回法观测一测回。对中误差小于或等于3 mm，水平角上、下半测回角值之差应小于或等于 40″，否则，应予重测。图根导线角度闭合差绝对值应小于或等于 $40''\sqrt{n}$。n 为导线观测角个数。

（2）边长测量

图根经纬仪导线边长测量采用钢尺量距；光电测距导线边长测量利用红外测距仪或全站仪测距。钢尺量距应进行往返丈量，其相对较差应小于或等于 1/3 000，特殊困难地区应小于或等于 1/1 000，高差较大地方需进行倾斜改正。因钢尺量距需进行定线，故可以和水平角测量同时进行，即用经纬仪一边进行水平角测量，一边为钢尺量距进行定线。

（3）连测

为获得计算所需的已知方位和已知坐标，需要将导线点和高级控制点进行连测。可用经纬仪按测回法观测连接角，用钢尺（或光电测距仪、全站仪）测距。

如果测区附近没有已知点，可采用假定坐标，即用罗盘仪测定导线起始边的磁方位角，并假定导线起始点的坐标作为起算数据。

（4）图根水准测量

图根控制点高程采用普通水准测量方法测定，山区或丘陵地区也可采用三角高程测量方法。根据高级水准点，沿各图根控制点进行水准测量，形成闭合或附合水准路线。

水准测量可采用 DS3 水准仪沿路线设站单程观测，设站时应注意前、后视距尽量相等。可采用双面尺法或变动仪器高法观测，视线长度应小于或等于 100 m，各站所测两次高差互差应小于或等于 6 mm。普通水准路线高差闭合差绝对值应小于或等于 $40\sqrt{\sum L_i}$（或 $12\sqrt{\sum n_i}$）。式中，$\sum L_i$ 为水准路线长度，单位为 km；$\sum n_i$ 为水准路线测站数。

（5）全站仪三维导线测量

当使用全站仪观测时，可将导线转折角、导线边长、三角高程路线高差观测合并进行。为使学生得到观测、计算工作的系统训练，观测时按角度模式测量水平角、竖直角，按距离模式测定斜距（或平距、高差），并记录仪器高、棱镜高数据。内业按导线计算、三角高程路线计算方法分别进行。

3.3.2 图根控制测量内业计算

内业计算前，应全面检查外业记录，有无遗漏和记错，是否符合测量限差要求，发现问题应重新观测。

科学使用计算器，尽量采用计算器中的程序计算。计算时，角度及其改正数取至秒，长度、坐标、高程、高差及其改正数取至毫米。

1）导线点坐标计算

导线计算前先绘制计算略图，将点名或点号、已知点坐标、已知方位角、角度及边长观测值标记在图上相应位置,在导线计算表中进行计算。

(1) 角度闭合差的计算与调整

① 计算并检验角度闭合差

闭合导线角度闭合差为

$$f_\beta = \sum_{i=1}^{n} \beta_i - (n-2) \cdot 180^\circ \tag{3-1}$$

附合导线按左角计算角度闭合差为

$$f_\beta = \alpha_0 + \sum_{i=1}^{n} \beta_{i左} - n \cdot 180^\circ - \alpha_n \tag{3-2}$$

附合导线按右角计算角度闭合差为

$$f_\beta = \alpha_0 - \sum_{i=1}^{n} \beta_{i右} + n \cdot 180^\circ - \alpha_n \tag{3-3}$$

图根导线角度闭合差限差为

$$f_{\beta容} = \pm 60'' \sqrt{n} \tag{3-4}$$

② 计算角度闭合差改正数

闭合导线及按左角计算的附合导线角度闭合差改正数

$$v_i = -\frac{f_\beta}{n} \tag{3-5}$$

按右角计算的附合导线角度闭合差改正数

$$v_i = \frac{f_\beta}{n} \tag{3-6}$$

③ 计算改正后的角度

$$\tilde{\beta}_i = \beta_i + v_i \tag{3-7}$$

④ 推算方位角

按左角推算

$$\alpha_{i,i+1} = \alpha_{i-1,i} + \tilde{\beta}_i - 180^\circ \tag{3-8}$$

按右角推算

$$\alpha_{i,i+1} = \alpha_{i-1,i} - \tilde{\beta}_i + 180^\circ \tag{3-9}$$

计算出的方位角如为负,应加上 360°;如大于或等于 360°,则应减去 360°。

(2) 坐标增量闭合差的计算与调整

① 初算坐标增量

初算纵坐标增量

$$\Delta x_{i,i+1} = D_{i,i+1} \cdot \cos\alpha_{i,i+1} \tag{3-10}$$

初算横坐标增量

$$\Delta y_{i,i+1} = D_{i,i+1} \cdot \sin\alpha_{i,i+1} \tag{3-11}$$

② 计算并检验坐标增量闭合差

闭合导线坐标增量闭合差

$$\begin{cases} f_x = \sum \Delta x_{i,i+1} \\ f_y = \sum \Delta y_{i,i+1} \end{cases} \tag{3-12}$$

附合导线坐标增量闭合差

$$\begin{cases} f_x = \sum \Delta x_{i,i+1} - (x_{终} - x_{起}) \\ f_y = \sum \Delta y_{i,i+1} - (y_{终} - y_{起}) \end{cases} \tag{3-13}$$

导线全长闭合差

$$f = \sqrt{f_x^2 + f_y^2} \tag{3-14}$$

导线全长相对闭合差

$$K = \frac{f}{\sum D_{i,i+1}} = \frac{1}{\sum D_{i,i+1}/f} \tag{3-15}$$

导线全长相对闭合差限差为

$$K_{容} = \frac{1}{2\,000} \tag{3-16}$$

③ 计算坐标增量闭合差改正数

纵向坐标增量闭合差改正数

$$v_{\Delta x(i,i+1)} = -\frac{f_x}{\sum D_{i,i+1}} \cdot D_{i,i+1} \tag{3-17}$$

横向坐标增量闭合差改正数

$$v_{\Delta y(i,i+1)} = -\frac{f_y}{\sum D_{i,i+1}} \cdot D_{i,i+1} \tag{3-18}$$

④ 计算改正后坐标增量

改正后的纵坐标增量

$$\widetilde{\Delta x}_{i,i+1} = \Delta x_{i,i+1} + v_{\Delta x(i,i+1)} \tag{3-19}$$

改正后的横坐标增量

$$\widetilde{\Delta y}_{i,i+1} = \Delta y_{i,i+1} + v_{\Delta y(i,i+1)} \tag{3-20}$$

(3) 导线点坐标推算

$$\begin{cases} x_{i+1} = x_i + \Delta\widetilde{x}_{i,i+1} \\ y_{i+1} = y_i + \Delta\widetilde{y}_{i,i+1} \end{cases} \tag{3-21}$$

2）高程计算

先绘制水准路线计算略图，将各点编号、已知点高程、各测段观测高差及路线长度或测站数标记在略图相应位置。计算在表格上进行，计算位数取至毫米。计算步骤如下：

(1) 高差闭合差的计算与调整

① 计算并检验高差闭合差

闭合路线高差闭合差

$$f_{\mathrm{h}} = \sum h_{i,i+1} \tag{3-22}$$

附合路线高差闭合差

$$f_{\mathrm{h}} = \sum h_{i,i+1} - (H_{终} - H_{起}) \tag{3-23}$$

普通水准路线高差闭合差限差为

$$\begin{cases} f_{\mathrm{h}容} = \pm 40\sqrt{\sum L_{i,i+1}} \\ f_{\mathrm{h}容} = \pm 12\sqrt{\sum n_{i,i+1}} \end{cases} \tag{3-24}$$

② 计算高差闭合差改正数

$$v_{i,i+1} = -\frac{f_{\mathrm{h}}}{\sum L_{i,i+1}} \cdot L_{i,i+1} \text{ 或 } v_{i,i+1} = -\frac{f_{\mathrm{h}}}{\sum n_{i,i+1}} \cdot n_{i,i+1} \tag{3-25}$$

③ 计算改正后高差

$$\widetilde{h}_{i,i+1} = h_{i,i+1} + v_{i,i+1} \tag{3-26}$$

(2) 推算待定点高程

$$H_{i+1} = H_i + \widetilde{h}_{i,i+1} \tag{3-27}$$

三角高程路线内业计算，高差闭合差改正按照与边长成正比的原则进行，其他计算与水准路线计算相同。

3.4　经纬仪量角器测绘地形图

控制测量完成后就可进行碎部测量。碎部测量可根据实际情况，安排观测员、绘图员、跑尺员。测图前需绘制坐标方格网并展绘控制点。

3.4.1 方格网绘制与控制点展绘

在聚酯薄膜图纸毛面上，使用 5H 铅笔按对角线法绘制 50 cm×40 cm 坐标方格网，格网边长 10 cm。

方格网绘制后检查 3 项内容：①用直尺检查各格网点是否在同一直线上，最大偏差应小于或等于 0.2 mm；②用比例尺检查各方格边长，与理论值 100 mm 相比，偏差小于或等于 0.2 mm；③用比例尺检查各对角线长度，与理论值 141.4 mm 相比，偏差小于或等于 0.3 mm。如果超限，应重新绘制。

方格网绘制好后，擦除多余线条，在方格网四角及边缘的格网点上，根据图纸分幅位置及测图比例尺，注记坐标，单位取至 0.01 km。

展绘控制点时，应先根据控制点坐标确定其所在方格，然后依据测图比例尺，用分规在复式比例尺或三棱尺上分别量取该方格西南角点到控制点的纵、横坐标增量；再分别以方格的西南角点和东南角点为起点，以量取的纵坐标增量为半径，在方格的东、西两边上截点；以方格的西南角点和西北角点为起点，以量取的横坐标增量为半径，在方格的南、北两边上截点；并在对应的截点间连线，两条连线的交点即为控制点的位置。控制点展绘完后，用比例尺量出相邻控制点间的图上距离，与用坐标计算的图上理论距离相比，偏差≤0.3 mm，如果超限，应重新展绘。在控制点右侧按图式注明控制点编号与高程。坐标方格网绘制与控制点展绘完毕后的图幅如图 3-1 所示。

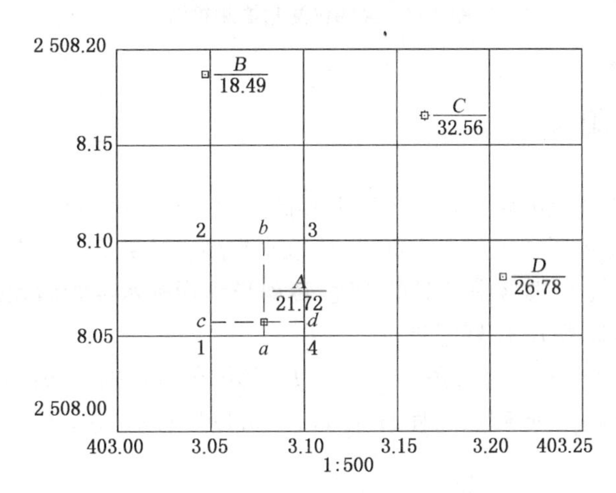

图 3-1 坐标方格网绘制与控制点展绘

方格网绘制与控制点展绘完成后，先将白纸裱糊在图板上，用卷成筒状的湿毛巾在图板上的白纸面上擀，挤出空气，固定后晒干。然后将展绘完成的聚酯薄膜图纸用胶带纸固定在白纸面图板上。

3.4.2 仪器安置

(1) 在图根点 A 上安置(对中、整平)经纬仪，量取仪器高 i，做好记录。

(2) 用盘左位置操作望远镜照准图根点 B,设置水平度盘读数为 $0°00'00''$,即以 AB 作为后视方向。

(3) 将图板固定在三脚架上,架设于测站旁,目估定向,以便对照实地绘图。在图上绘出 AB 方向线,用小针穿过半圆规(测图用量角器)圆心小孔,扎入图上 A 点。

(4) 用望远镜盘左位置照准另一图根点 C,读出水平度盘读数,该数值即为$\angle BAC$。用半圆规在图上量取$\angle BAC$,与观测值比较,进行测站检查,如图 3-2 所示。

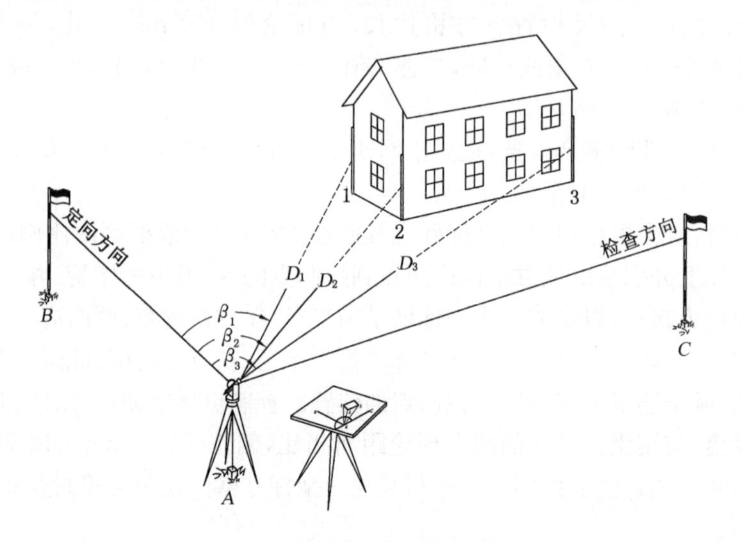

图 3-2 经纬仪量角器测绘法

3.4.3 观测及跑尺

(1) 跑尺员按事先商定的跑尺路线依次在碎部点上立尺,注意尺身竖直,零点朝下。

(2) 经纬仪盘左位置照准碎部点上标尺,读取水平度盘读数 β;使中丝读数在 i 值附近,读取上丝读数 a、下丝读数 b;再将中丝对准 i 值,转动竖盘指标水准管微动螺旋,使竖盘指标水准气泡居中,读取竖盘读数 L,做好记录。

(3) 计算尺间隔 $l=b-a$,竖直角 $\alpha=90°-L$(具体公式根据经纬仪确定),用计算器计算碎部点距离 $D=kl\cos^2\alpha$ 及碎部点高程 $H=H_A+0.5kl\sin2\alpha$,将水平角 β、距离 D、碎部点高程 H 报给绘图员。

(4) 绘图员按所测水平角 β,将半圆规上与 β 值对应的分划线对齐图上 AB 方向线,则半圆规的直径边缘就指向碎部点方向,在该方向上根据所测距离按测图比例刺出碎部点,并在点右侧标注高程。高程注记至分米,字头朝北。

依次测定并展绘、注记其他各碎部点,并及时现场绘制地物、勾绘等高线。

(5) 每观测 20～30 个碎部点后,应重新瞄准起始方向检查其变化情况,起始方向读数偏差不得超过 4′。当一个测站工作结束后还应进行检查,在确认地物、地貌无漏测、错测时方可迁站。仪器在下一站安置好后,还应对前一站所测个别点进行检查,检查前一站观测是否有误。

3.4.4 地物、地貌的绘制

绘图时应对照实地，边测边绘。地物测绘主要是将地物的形状特征点测定下来。如地物转折点、交叉点、曲线上的弯曲变换点、独立地物中心点等。地物分自然地物和人工地物，自然地物如河流、湖泊、森林、草地、独立岩石等；人工地物如测量控制点、房屋、电力、交通运输、水利等设施、各类耕地等。所有地物都要在图上表示出来。将这些地物的特征点测定下来后，用直线或曲线连接这些点，就得到与实地一致的地物形状。

地物在图上的表示原则是：凡能依比例尺表示的地物，就要将它们投影后的图形按比例描绘在图上；不能依比例尺表示的地物，可根据《地形图图式》规定的符号表示，在图上把相应地物符号表示在地物的中心位置，如水塔、烟囱、纪念碑、单线道路、单线河流等。

测绘地物必须根据规定的测图比例尺，按规范和图式要求，经过综合取舍，将各种地物表示在图上。

1）居民地的测绘

居民地的测绘因测图比例尺不同，在综合取舍方面不一样。居民地外轮廓应准确测绘，内部主要街道及较大空地应区分出来。散列式居民地、独立房屋应分别测绘。

(1) 固定建筑物实测墙基外角，并注明结构和层数。建筑物结构应从主体部分来判断，其附属部分(裙房、亭子间、晒台、阳台等结构)不应作为判别对象。建筑物层数的计算以主体部分为准，假半层不算，工厂车间中间无楼板的记为1层。

(2) 房屋附属设施，如廊、建筑物下通道、台阶、室外扶梯、院门、门墩和支柱、墩等，应按实际测绘，并以图式符号表示。台阶长度在图上大于或等于6.0 mm(或宽度在图上大于或等于4.0 mm)的必测。天井面积在1∶500图上小于10 m^2(或1∶1 000图上小于20 m^2，1∶2 000图上小于50 m^2)的可不测。

(3) 建筑物凹凸取舍原则：房屋墩、柱凸出部分在图上大于0.4 mm(简单房屋大于0.6 mm)的必须逐个实测，否则可以墙基外角为主综合取舍。

(4) 简屋及栅栏取舍原则：结构较好，以及位于海滩、海岛等建筑物稀少地区的必须测绘；依附在正规建筑物上零星搭建的，以及农村宅基内村前屋后不住人的，面积不足10 m^2的可免测；临时性的活动房屋，施工单位搭建的零星、非正规的临时工棚(房)及材料棚等可不测；度假村中的蒙古包式建筑可按蒙古包测绘。

(5) 垣栅的测绘：施测1∶500及1∶1 000地形图时，图上宽度大于0.5 mm的依比例测绘，1∶2 000测图时，应按图示规定的不依比例尺的符号绘制；起境界作用的栅栏、栏杆、篱笆、活树篱笆、铁丝网等必须测绘，有基座的应实测外围，隔离道路或保护绿化的可免测。

2）道路与桥梁的测绘

道路与桥梁的测绘包括铁路、公路、其他道路、道路附属设施、桥梁等的测绘。

(1) 铁路

① 铁路轨道、电车轨道、缆车轨道等应按实际测绘。架空索道实测铁塔位置。高架轨道实测路边线的投影位置和墩柱，高架轨道应按电气化铁路符号绘出。地面上的轨道及岔道应实测。架空的轨道可沿路线走向配置绘示，但必须与地面轨道衔接平顺。架空的岔道可不测。

② 火车站及附属设施，如站台、天桥、地道、岔道、转盘、车挡、信号设备、水鹤等，应按实物测绘。站台、雨棚应实测范围，以符号绘示，坡脚线可不测绘。地道应按实际测绘出入口。

③ 测绘铁路时，标尺应立于铁轨的中心线上。铁路的直线部分立尺点可稍稀一些，曲线部分及道岔部分立尺点就要密一些。铁路路堤和路堑位置应准确测出。

(2) 公路

① 高速公路、等级公路、等外公路等应按其宽度测绘，并注记公路技术等级代码，国道应注出路线编号。1∶500 和 1∶1 000 测图时，城市道路和马路岛的边线应以实线绘示，1∶2 000 测图时应用虚线绘示，道路边沿有房角线的，房角线可代替道路边线。

② 高架路的路面宽度和走向应按实际投影绘出，以实线表示。露天的支柱应用实线绘示；路面下的支柱按比例测绘的用虚线表示，不按比例测绘的可用符号表示。直线部分支柱密集的可按 5 cm 左右的间距取舍。

③ 公路在图上一律按实际位置测绘。在测量方法上有的采用将标尺立于路面中间，有的采用将标尺交错立于路面两侧，也可将标尺立于路面一侧，实量路面宽度，作业时可视具体情况而定。公路转弯处、交叉处，立尺点应密一些。路边是规则曲线的(圆曲线、缓和曲线等)应按相应的曲线绘制。公路两旁的附属建筑物都应按实际位置测出。公路的路堤路堑也应测出。

(3) 其他道路

① 大车路应按其宽度依比例测绘，如实地宽窄变化频繁，可取其中间宽度绘成平行线。

② 乡村路应按其宽度依比例测绘。乡村路中通过宅村仍继续通往别处的，其在宅村中间的路段应尽量测出，以求贯通，不致中断；如路边紧靠房屋或其他地物的，可利用地物边线，不另绘路边线；若沿河浜边的，其路边线仍应绘出，不得借用河边线。

③ 人行小路主要是指居民地间的来往通道。田间劳作小路一般不测绘，上山小路视其重要程度选择测绘，若该地区小路稀少则应少舍去。测绘时标尺立于道路中心，由于小路弯曲较多，立尺点的选择应注意弯曲部分的取舍。既要使立尺点不十分密集，又要正确表示小路位置。人行小路若与田埂重合，应绘小路而不是田埂。有些小路虽不是由一个居民地通向另一个居民地，但与大车路、公路或铁路相连，这时应根据测区道路网的情况决定取舍。小路实测中心位置，以单线表示。

④ 内部道路，除新村中简陋、不足 2 m 宽的和通向房屋的支路外，其余均应测绘。

(4) 道路附属设施

① 路堤、路堑、坡度表、挡土墙应按实际测绘。涵洞应按实际测绘，一般小涵洞可免测。路标应按实际测绘，双柱的路标应实测中间位置。里程碑应实测位置，并注记里程。

② 郊区的汽车停车站应按实际测绘，点位在站牌处。简陋、小的候车棚可按相应符号表示，并免予注记。

③ 铁路平交道口按实际测绘，其他道路在铁路处中断。

④ 立体交叉路，如铁路在上，公路应在铁路路基处中断；如公路在上，铁路应在公路处中断。

(5) 桥梁

① 公路桥及铁路桥的桥头、桥身按实际测绘，并注记建筑结构。水中桥墩不测绘。漫水桥、浮桥应加注“漫”“浮”等字样。人行桥在图上宽度大于 1 mm 的应表示。

② 双层桥的主桥、引桥、桥墩应按实际测绘。人行桥在图上宽度大于 1 mm 的应依比例

尺表示,否则可不依比例尺表示。

③ 渡口应区分行人渡口和车辆渡口,分别标注“人渡”“车渡”字样,同时绘示航线,有名称的应加注名称。固定码头、浮码头、码头轮廓线应实测,按其建筑形式以相应符号绘示,有名称的应加注名称。

3）管线的测绘

（1）电力线

① 高压线应全部测绘,图上以双箭头符号表示。成组的高压电杆,应实测杆位,中间用实线连接;进房入室的方向线可不表示;测绘入地口时,应实测入地口位置,符号方向垂直于连线方向绘示。

② 低压线在图上应以单箭头符号表示。街道、郊区集镇、棚户区等内部主要干道上的应全部测绘,分支在小巷内的可免测;工矿机关学校新村等单位的无特殊需要可免测;郊外农田及地物稀少地区,正规的必须测绘;仅有 3 根电杆的分支线路可免测;临时性的均免测。

③ 电杆、电线架应实测位置,不分建筑材料、断面形状,用同一符号表示。电力线、通讯线必要时可不连线,仅以其符号绘出连线方向。多种电线在一个杆上时,可只表示主要的。

④ 电线塔应以实际形状表示,实测电线塔底脚的外角。1∶2 000 测图时,电线塔大于符号的,应依实际测绘;否则应实测中心位置,并按不依比例符号表示。

⑤ 电线杆上的变压器应按实际位置及方向用符号表示,支柱可不表示。

（2）通信线

集束的、长期固定的通信线均应测绘,以符号绘示,电杆之间可不连线;线路不满 4 对(8 根)和沿房屋或墙上通过的,可不测绘;进房入室的方向线可不表示;测绘入地口时,应实测入地口位置,符号方向垂直于连线方向绘示。

（3）管道

① 架空的、地面上的管道应按实际测绘。管道性质宜注明,性质不明者可不注。多管并列的,可只注记主要的。临时性的吹泥管可不测绘。

② 架空管道的支柱,单柱的架空管道支柱尺寸在图上大于 1.0 mm×1.0 mm 的应依比例测绘,否则可按不依比例绘示,符号为 1.0 mm×1.0 mm 的黑块,管线从支柱连线中心通过。双柱和四柱的架空管道支柱,如果支柱尺寸在图上大于 1.0 mm×1.0 mm 的应依比例测绘,支柱之间用实线连接,管线在支柱连线中央通过,否则可按不依比例逐个绘示支柱符号。符号为 1.0 mm×1.0 mm 的黑块,如逐个绘示支柱重叠的,可在双柱或四柱的中心绘示单个支柱符号,符号为 1.0 mm×1.0 mm 的黑块,管线从中心通过。1∶2 000 测图应按不依比例符号表示。

（4）地下检修井

地下检修井均应实测井盖中心位置,井框可不测绘(地下管线测量除外),并按检修井类别用相应符号表示。工矿、机关、学校等单位内的检修井,应测出进单位的第一只井位,单位内部的免测,1∶2 000 测图地下检修井可免测。

（5）管道附属设施

① 污水篦子按实际测绘,工厂、单位内部的和 1∶2 000 测图污水篦子可免测。

② 消防栓,无论地上或地下的都应测绘,工厂、单位内部的和 1∶2 000 测图消防栓可免测。

③ 各种有砌框的地下管线的阀门均应测绘,阀门池在图上大于符号尺寸的,应依比例尺表示,内绘阀门符号。小的开关、水表可免测。1∶2 000 测图阀门可免测。

4）水系的测绘

水系包括河流、湖泊、渠道、水塘等地物，一般以岸边线为界，如果要求测出水涯线（水面与地面交界线）、洪水位（历史上的最高水位位置）、平水位（常年一般水位位置），应按要求在调查研究基础上测绘。

（1）岸线与水涯线

① 江、河、湖的岸线均应测绘，宜测在大堤（包括固定种植的滩地）与斜坡（或陡坎）相交处的边沿。

② 测绘水涯线时，岸线与水涯线之间应加绘斜坡（或陡坎）符号。

（2）沟渠

① 渠道应实测外肩线，其宽度在图上大于 1 mm（1∶2 000 图上大于 0.5 mm）的应以双线表示，否则实测渠道中心位置，用单线表示。如果堤顶宽度大于 2 m 的，应加绘内肩线，渠道外侧应绘示陡坡或斜坡符号。渠道应在适中位置按朝东或朝南或光线法则加绘流向，流向只是符号，不表示真实流向。

② 水沟应实测岸线，每一侧用单线表示。水沟宽度及深度小于 1 m 的可免测；如果宽度及深度有一项达到 1 m 且长度达 100 m 的应测出；如果大部分达到应测标准，而中间一段不足应测标准的，仍应全部测出，不应间断。公路两旁的排水沟，应按上述标准取舍。对于 1∶2 000 测图，水沟宽度小于 2 m 时，应用单线表示。

③ 地下灌渠可只测绘出入口，地下走向可不表示（地下管线测量除外）。

（3）其他水利设施

① 水闸，宽度在图上大于 4 mm 的按比例尺测绘，否则可按不依比例尺测绘，以图式符号绘示，符号中的尖角指向主要进水方向。水闸孔数及水底高程可不测绘，水闸注有专名的，可不绘水闸符号，当符号与房屋建筑有矛盾时，可省略符号，注“闸”字样。

② 防波堤按实际测绘，用符号绘示。

③ 防洪墙按实宽测绘，用双线绘示。当图上宽度小于 0.5 mm，可放宽至 0.5 mm，定位线为靠陆地一侧的边线。河流边沿人工修筑的墙体构筑物，可用防洪墙符号表示，墙体上的栅栏、栏杆可不表示。

④ 高出地面 0.5 m 以上的土堤应测绘。堤顶宽在图上大于 1 mm（1∶2 000 图上 0.5 mm）的，应按实宽绘示，否则可按图式符号表示。江堤海塘边的里程碑，应按实际测绘，并注记里程数。

⑤ 输水槽，其槽宽在图上小于 1 mm 时，可放宽至 1 mm 绘示；槽宽在图上小于 2 mm 时，槽中渠线可免绘。两端无明渠的输水槽必须绘流向符号。图式符号中的黑块代表支柱或支架，可不表示。

⑥ 倒吸虹，其进出口应按实际情况测绘。

（4）其他陆地水系

① 水井。可选居民地外围主要的水井测绘，土井或废弃的水井及房子内的机井可不测绘。水井的高程、深度不测注，水质可不调查、不注记。

② 陡岸。可分为有滩陡岸和无滩陡岸，并根据土质或石质按相应图式符号表示。有滩陡岸其河滩宽度大于 3 mm 时，应填绘相应土质符号。

5）植被的测绘

植被测绘包括耕地、园地、林地、其他植被以及地类界、防火带的测绘。

（1）耕地

① 稻田与旱地测绘。地面较平整而能种植水稻的田块，宜以稻田表示，地面不平整，不能种植水稻的田块，宜以旱地表示；主熟是种水稻（或棉花），在主熟收割后又种植其他附熟作物（如麦子、油菜、高粱、玉米等）的，宜以稻田表示，而主熟是种棉花的，则宜以旱地表示；水、旱作物轮作的，宜以稻田表示，常年种植旱谷的以旱地表示。

② 水生经济作物应按图式符号表示，图上面积大于 2 cm^2 的应加注品种名称。

③ 菜地应按实际测绘，小块的自留地可不表示。

（2）园地

园地应实测范围，整列配置符号，分别加注树种、作物名称。园地夹种（指数量相差不大）的可并注，但不得超过 3 种，多于 3 种的，舍去少量及次要的。兼种（指数量较少）的应选择主要的注记。

（3）林地

① 林地应实测范围，以图式符号绘示。图上面积大于 25 cm^2 的应注出树名，树高不注。人工种植排列较整齐的防护林带亦属此类。若多种树种混合生长，比例相差不大时，可将各树种同时绘注；若某一树种占林地面积 80%以上，即以该树种名称注记表示。

② 灌木林应实测范围，以图式符号绘示。小面积（图上小于或等于 2 cm^2）的可按独立灌木丛测绘。

③ 苗圃应实测范围，以图式符号绘示。

④ 铁路、公路、河流旁边的行树应测绘，实测首末位置，以图式符号绘示。城市道路上的行树可不表示。

⑤ 独立树应实测中心位置，以相应的符号绘示。有铭牌的古树名木，应按独立树测绘，并加注“古树”字样。

⑥ 竹林实测范围，以图式符号绘示。小面积（图上小于或等于 2 cm^2）的可按独立竹丛测绘。

（4）其他植被

① 草地应实测范围，以图式符号绘示。

② 芦苇地、席草地、芒草地及其他高杆草本植物地应实测范围，以图式符号绘示，并注记相应的草本名称。

③ 花圃应实测范围，以图式符号绘示。

（5）地类界、防火带

① 居民地、大块耕地的地类界和地物范围线应分开。毗邻宅基地在图上不足 2 cm^2 的零星菜畦、空荒地、竹林、桑园、散树地等，可并入宅基地范围内，但应在其相应位置加绘植被符号。各种不同地类的分界线应闭合。地类界线如与地面上的有形线状符号（田埂、道路、河流、土堤、沟渠、围墙、栅栏、篱笆等）重合时，可以该线状地物符号代替地类界；地类界如与等高线重合时应移位绘出，不得以等高线代替地类界。

② 防火带实测范围以图式符号绘示，并注“防火带”字样。

6）地貌和土质

（1）勾绘等高线

目估法勾绘等高线的步骤如下：

① 同侧选点，判断有无。只有在地性线同侧的相邻地形点之间，或地性线上的点和与其相邻的地形点之间，才有坡度相同的等高线通过的可能，可等分勾绘等高线。如果分别属于地性线两侧，或两点间有别的地形点存在，则不能进行等分勾绘。因此，只有先判断有无同坡度的等高线通过，才能决定是否需要进行连线等分。

② 确定头尾，等分中间。如图 3-3 所示，设等高距 1 m，先算出 A、C 间的高差 4.6 m，估计出每米高差的平距值，先取 0.2 与 0.4 定出 203 m 及 207 m 等高线的通过位置；再将中间四等分，确定 204 m、205 m 及 206 m 等高线的通过位置。

③ 同高勾线，5 倍加粗。根据地形点高程，目估内插法求得整米高程点，将高程相同的且属于同一等高线上的点用 0.15 mm 粗的光滑曲线连接。高程能被 5 倍等高距整除的计曲线用 0.3 mm 粗的光滑曲线连接。

④ 标注高程，检查错误。在计曲线上选择平滑处断开，面向山头方向标注高程。同时检查有无异常之处，可与实地地形对照，如有错漏及时纠正。

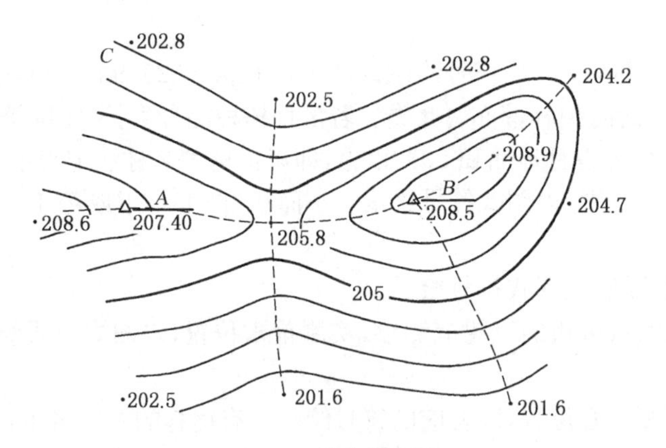

图 3-3　等高线勾绘

勾绘等高线时，根据所测碎部点，对照实地情况，先画计曲线，检查无误后再画首曲线，并注意等高线通过山脊线、山谷线的走向。

(2) 等高线、等高线注记、示坡线

比高在 5 m 以上的山丘应测绘等高线，其他可不绘等高线。垃圾山、垃圾堆可不绘等高线。等高线按目估法进行勾绘。等高线的高程注记在地势平缓处，等高线较稀时，每一曲线都应注明高程，数字排列方向与曲线平行，字头指向山头。

(3) 高程点及注记

① 高程点的间距。平坦地区高程点间距以图上 5～7 cm 为宜，滩地可适当放宽或以断面形式代替。断面间距以 10 cm 为宜，遇地势起伏变化时应适当加密。

② 居民地高程点的布设。在建筑区街坊内部空地及广场内的高程，应设在该地块内能代表一般地面的适中部位。如空地范围较大，应按规定间距布设；如地势有高低时，应分别测注高程点。

③ 农田高程点的布设。在倾斜起伏的旱地上，应设在高低变化处及制高部位的地面上；在平坦田块上，应选择有代表性的位置测定高程。

④ 方格网高程的点位布设。如有特殊需要，测定方格网高程时，方格网间距可按具体要求决定。方格点高程应选在有代表性的部位，如有个别方格点设在小面积非代表性的特高或特低处，如小沟、小坟、田埂、小路及斜坡中，应适当移动点位，以其旁边有代表性的地面高程测注。

⑤ 高程显著区高程点的布设。高程显著的地貌，如高地、土堆、坑洼及高低田坎等，其高差在 0.5 m 以上者，均应在高处及低处测注高程。土堆顶部呈隆起状的，除应在最高处测注高程外，还应在其顶部周边适当测注若干高程点。

⑥ 铁路高程点的布设。除特殊要求外，一般测轨顶高程，弯道处测在内轨轨顶上。路基高程应设在路基面上，除高低变化处外，可按规定间距分别在铁轨两侧交错布设。有路堤的坡脚，高程点应测在堤顶的旁侧。

⑦ 道路高程点的布设。郊区公路、市政道路、街道、里弄、新村、机关及工厂等单位内部干道上的高程点，应测在道路中心的路面上。高架道路的高程点可免测。

⑧ 桥梁、水闸高程点的布设。通航及车行的桥梁应在桥顶中部测注高程，桥顶高于两端路面的，还应测注桥塊高程。水闸及坝的高程，应测在其顶部。

⑨ 高程注记及小数点取位。各种地形高程注记应清晰，字头朝北(等高线高程处外)，所有高程测算至厘米位，桥、闸、坝、铁路、公路、市政道路、防洪墙和有特殊要求的必须注至厘米位外，其余高程点可注至分米位。

(4) 其他地貌

① 山洞。应在洞口位置按真方向绘出符号，有专有名称的应加注名称。人工修筑的山洞和探洞也应用此符号表示，并加注相应的说明注记。

② 独立石。依比例表示的独立石，应实测其轮廓线，用点线符号表示，中置石块符号，测注比高。

③ 石碓。面积较大的石碓，应实测其范围线，用点线符号表示，中置符号。

④ 土堆。应实测其顶部和底脚的概略轮廓，顶部用实线绘示，底脚用点线符号绘示，同时测注顶部和底部的高程。

⑤ 坑穴。应实测边缘，并测注底部高程。

(5) 土质的测绘

沙地、砂砾地、石块地、盐碱地、小草丘地、龟裂地、沼泽地、盐田、盐场、台田等应按实际测绘，以图式符号绘示。

7) 注记

(1) 注记的排列形式

① 水平字：各字中心连线平行于南、北图廓，由左向右排列。

② 垂直字：各字中心连线垂直于南、北图廓，由上向下排列。

③ 雁行字：各字中心连线为直线且斜交于南、北图廓。

④ 屈曲字：各字字边垂直或平行于线状地物，且依线状地物的弯曲形状排列。

(2) 注记的字向

注记的字宜为正向，字头朝北。道路、弄堂、门牌号等应按光线法则进行布置。

(3) 注记的字隔

① 接近字隔：各字间隔以 0.1～1.0 mm 为宜。

② 普通字隔：各字间隔以 1.0～3.0 mm 为宜。

③ 隔离字隔:各字间隔值为字大的 1～5 倍,道路、河流注记间隔可放宽。

(4) 居民地名称注记

① 城市、集镇、村宅、街道、里弄、新村、公寓等居民地名称,均应查明注记。农村居民地应查注其自然村名,如无自然村名,则可查注其行政村名(行政机关办公所在地)。散居的居民地,如用一个注记不能包括时可分注几个。

② 居民地名称注记采用水平字列、接近字隔、正向排列。根据居民地图形情况也可采用垂直字列或雁行字列、普通字隔、正向排列。

③ 居民地名称注记字体、字大均应按图式要求注记。

(5) 说明注记

① 名称说明注记,凡独立的、范围较大的均应查明注记其名称,非独立的可选择注记。同一建筑有多种不同性质单位使用时,有建筑名称的可注记建筑名称,否则可择注其大的或对外接触面广的一个单位名称。有保密性质的机构名称不得注记。建筑物注记名称应与地名主管部门公布的一致。单位名称宜全名注记,全名过长的,可在征得所属单位同意后将上级机构或地区性质的辅助名称适当简略,但对表示该单位性质的主要组成部分应保持其完整性,不得任意删减。

② 性质说明注记,是指各种地物及管线的属性注记,土质和植被的种类及品名(如松树、苹果树、草坪、芦苇等),各种大面积土质、植被采用注记时的说明,以及建筑物建筑材料注记(如混、砖木)和特殊情况说明。

③ 各种说明注记应注在其内部适中位置,以所注名称能控制各碎部点或单位等的全部范围,不偏于一隅,不妨碍地物、地貌线条为原则。

(6) 数字注记

① 数字注记应包括控制点点号、高程、门牌号、公路等级代码和编号等。

② 各种数字注记应按相应的字体大小选用。

③ 门牌注记宜全部逐号注记。毗邻房屋门牌过密的,可分段注以起讫号数。农村房屋可选择注记。临时门牌可免注。里弄门牌号应以数字注于里弄口(或里弄内,注记在里弄内时应选择一条主要内部道路按光线法则注记)。里弄门带道路名的,道路名可免注。

④ 公路技术等级代码和编号应按图式要求注记。

3.4.5 地形图的拼接、整饰与检查

1) 地形图的拼接

地形图是分幅测绘的,因此在测图工作完成后,需要将相邻图幅进行拼接。为了保证相邻图幅的相互拼接,每一幅图的四边,一般应测出图廓外 5 mm。拼接时,将相邻两幅图纸的坐标格网线对齐,观察格网线两侧不同图纸同一地物或等高线的衔接情况。由于测量和绘图误差,格网线两侧不同图纸同一地物或等高线会出现交错现象,如果偏差满足限差要求,可对偏差平均分配,纠正接边差,修正接边两侧地物和等高线。否则,应进行检查纠正。

2) 地形图的整饰

地形图拼接及检查完成后,就要用铅笔进行整饰。按照先图内、后图外,先地物、后地貌,

先注记、后符号的原则进行。注记的字形、符号应严格按《地形图图式》要求选择。各类符号应使用绘图模板按规定尺寸绘制,注记符号坐南朝北。不应让线条随意穿过已绘的内容,按照整饰原则后绘制的地物和等高线在遇到已绘制的符号及地物时应自动断开。

3) 地形图的检查

(1) 内业检查。检查观测及绘图资料是否齐全;抽查各项观测记录及计算是否满足要求;图纸整饰是否符合要求;接边情况是否正常;等高线勾绘是否正确。

(2) 外业检查。将图纸带到测区与实地对照进行检查,检查地物、地貌取舍是否正确,有无遗漏,使用图式和注记是否正确,发现问题及时纠正;在图纸上随机选择一些测点,设站实测检查,重点放在图边。检查中发现的错误和遗漏应进行纠正和补漏。

4) 成图

经过拼接、整饰和检查的图纸,可在肥皂水中漂洗,清除图面污垢后即可着墨,进行清绘后晒印成图。

3.5 大比例尺数字测图

3.5.1 数字测图流程

数字测图是通过采集地物、地貌的各种信息并记录在数据终端,然后通过接口传输给计算机,由计算机对数据进行处理而形成绘图数据文件,并控制绘图仪自动绘制地形图,由磁盘等介质保存电子地图的过程,其作业流程如图 3-4 所示。野外数字测图是相对传统白纸测图而言的。按硬件配置不同,野外数字测图有电子平板法和测记法两种作业模式。

测量实习采用测记法作业模式。其基本作业流程为:

(1) 将仪器安置在控制点上,配以反射棱镜进行数据采集,同时绘制草图并将所测碎部点点号标记在草图上。

(2) 在室内将全站仪采集的数据利用通讯软件录入计算机形成数据文件。

(3) 将数据文件转换为数字测图软件中定义的格式。

(4) 打开文件后调用绘图处理功能,在屏幕上展出野外测点并显示点号。

(5) 根据草图在计算机屏幕上将碎部点连线成地物,并绘出等高线。

(6) 对所作草图进行编辑修改。

(7) 整饰后,输出成图。

3.5.2 野外数据采集

1) 准备工作

(1) 人员分工

一个作业小组可配备：测站 1 人，跑尺员(司镜人员)1～2 人，草图绘图员 1～2 人。各组根据小组成员人数及具体地形情况灵活安排。安排时应注意：①谁画草图，接下来的室内成图就由谁承担；②小组成员分工轮换，确保每人都得到观测、绘图、立尺等工作的全面锻炼。

(2) 准备工作

将控制点、图根点坐标和高程抄录在成果表上备用。每次施测前，应对数据采集软件进行试运行检查，对输入的控制点成果数据需显示检查。

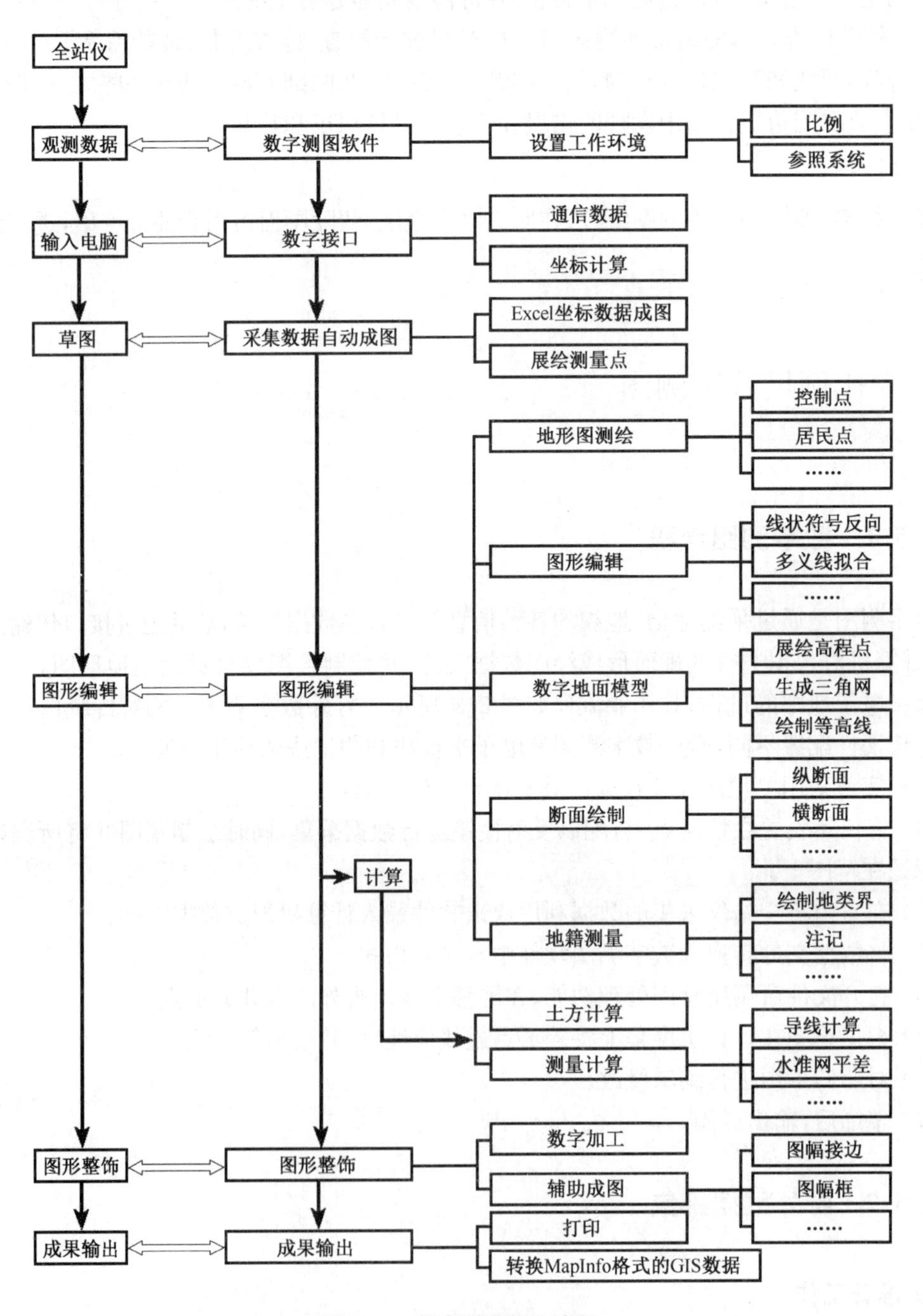

图 3-4 数字测图作业流程

2）数据采集

(1) 测站设置、后视设置与检核

外业数据采集所得的碎部点坐标数据是存储在全站仪内存中的当前坐标数据文件中。因此作业前应新建一个文件作为工作文件（当前文件），以便存储坐标数据。同时，将成果表中的控制点坐标存入当前坐标文件，以便观测时调用控制点坐标数据。

安置仪器后，启动全站仪进入数据采集模式，并设置工作文件。从当前坐标文件中调用测站对应的控制点，量取并输入仪器高，进行测站设置。从当前坐标文件中调用后视方向对应的控制点，量取并输入棱镜高，进行后视设置。不同型号的全站仪，以上操作过程略有差异，详见仪器使用手册。要求仪器对中误差不大于 3 mm，后视设置完成后，观测另一控制点作为检核，算得检核点的平面位置误差不大于图上 0.2 mm。检查高程，较差不应大于 0.1 m。

(2) 预赋属性

如采用简码法辅助测量，须在测量碎部点坐标前输入其对应的简码属性；如不采用该方式，则忽略该步骤，全站仪自动以流水号记录各碎部点点号。

(3) 采集碎部点坐标

准确照准立于碎部点处的棱镜，启动碎部点测量，根据仪器显示屏提示输入碎部点点号、棱镜高、编码等信息，完成碎部点测量并存储碎部点坐标数据。同法进行其他碎部点的测量。

草图法测量方式要求在观测的同时绘制地形草图，测站人员完成一碎部点观测后，通过手势或对讲机示意跑尺员，绘图员则标出所测的是什么地物并绘制出各点的相对点位及地物形状，标注相应的碎部点点号，该点号必须与全站仪所记录的点号保持一致。

(4) 注意事项

① 数据采集时，水平角观测半测回，应经常归零检查，归零差不应大于 4′。竖直角观测上半测回，仪器高和棱镜高量记至毫米。

② 为保证碎部点精度，碎部点不宜过远，一般测距最大长度 300 m。高程注记点应分布均匀，间距为 15 m，平坦及地形简单地区可放宽至 1.5 倍。高程注记点注至厘米。

③ 当所测地物较复杂时，为减少镜站数，提高效率，可适当采用皮尺丈量方法测量，室内交互编辑方法成图。

④ 地貌采点时，可用多镜测量，一般在地性线上要采集足够密度的点，尽量多观测特征点。在山坡上适当采集高程点，加大密度，使生成的等高线更真实；测量陡坎时，坎上坎下同时测点，这样才能使等高线真实反映实际地貌。在地形变化不大的地方，可适当放宽采点密度。

⑤ 碎部测量时，对于开阔地方，在一个制高点上可以完成大半幅图，就不要因为距离过远而忙于搬站。对于比较复杂的地方，也不应因为麻烦而不愿搬站，要充分利用全站仪的精度，必要时可临时测一个支导线点。

⑥ 数字测图中，往往借助全站仪测量精度高的优势，采用“辐射法”在测站上同时发展若干支点，也就是在测站上用坐标测量方法，按类似全圆方向法测定几个图根点坐标，这种方法无须平差计算。

⑦ 测站完毕后，搬到下一站，重复以上步骤，继续碎部测量。每天工作结束后，应及时对采集的数据进行检查。若草图绘制有误，应按照实地情况修改草图。若数据记录有误，可修改测点编号及相关信息，但严禁修改观测数据，否则需返工重测。对错漏数据应及时补测，超限的数据应重测。

3.5.3 内业数字成图

1）数据传输

数据传输是指全站仪和计算机间的双向数据通信。一方面把全站仪外业采集的碎部点数据传输到计算机进行内业成图，另一方面把计算机中的数据发送给带内存的全站仪，为外业测量做准备。

全站仪一般附带数据传输软件包，数字测图软件本身也具有相应的功能。全站仪向计算机传输数据的主要操作步骤如下：

(1) 用专用通信电缆连接全站仪和计算机 COM 口(或 USB 口)。

(2) 设置数据传输方向，由计算机读取全站仪数据，或计算机传输数据至全站仪。

(3) 根据仪器型号设置通信参数，主要包括通信口(USB 电缆则忽略此设置)、波特率、数据位、停止位、校验情况等，再选择要保存在计算机上的数据文件名及保存路径。

(4) 开始转换。根据弹出的对话框提示，先后在计算机和全站仪上回车确认。由于全站仪与数字测图软件不同，以上操作步骤稍有差异，但主要过程基本相同。数据传输容易出现的问题：①数据通信的通路问题，电缆型号不对或计算机通信端口不通；②全站仪和通信软件两边通信参数设置不一致；③全站仪传输的数据文件中没有包含坐标数据。

传输过程中，屏幕上会显示传输内容。传输结束后，按“停止”按钮。打开该文件，可以查阅所接收的数据和信息。数据传输完成后，退出通信状态，卸下通信电缆，关闭全站仪。

2）地形图绘制

先安装 AutoCAD 2004 并运行一次。然后安装 CASS 7.0 数字成图软件。双击 CASS 7.0 图标，进入如图 3-5 所示 CASS 7.0 主界面。

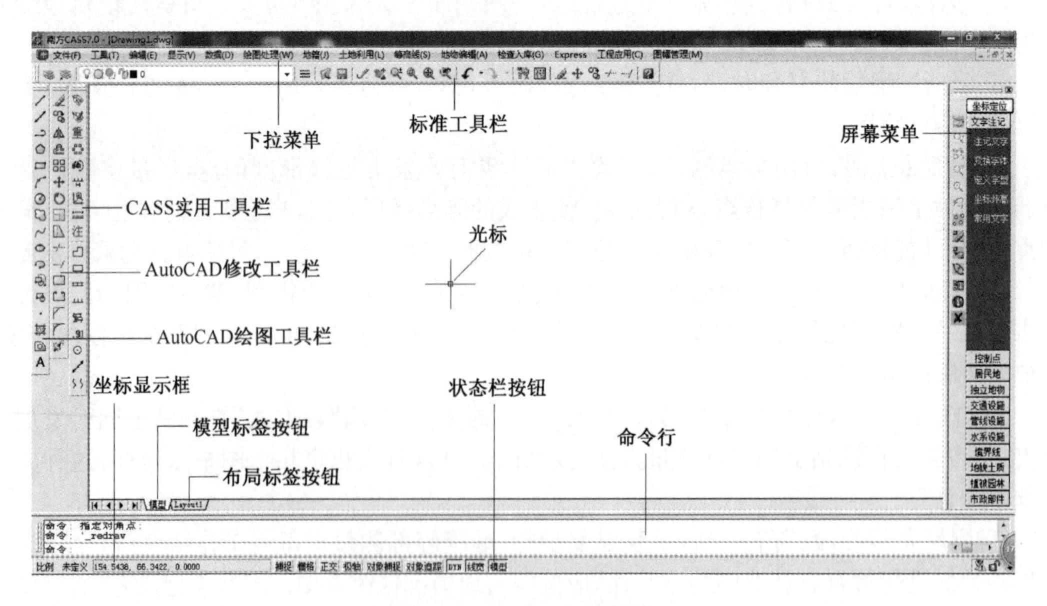

图 3-5 CASS 7.0 主界面

(1) 定显示区

通过坐标数据文件中的最大、最小坐标定义屏幕显示区域，以保证坐标文件中所有点都在屏幕成图区显示。在数字测图软件中，调用该功能菜单，软件会根据坐标数据文件自动计算出显示区对应的实地坐标。但为整个测区拼图及地形图统一分幅需要，往往不采用软件计算值，改用人工输入测区范围坐标值，该值往往取百米的整数倍。单击“绘图处理”，出现如图 3-6 所示下拉菜单。鼠标移至“定显示区”命令，单击左键，出现如图 3-7 所示对话框。

图 3-6 定显示区命令

图 3-7 输入定显示区的坐标数据文件

在对话框文件名栏内输入坐标数据文件名，如软件自带学习文件“\CASS70\DEMO\STUDY. DAT”，双击“打开”按钮。这时，命令区显示文件中最小坐标值和最大坐标值。

最小坐标(米)：X＝31036.221，Y＝53077.691

最大坐标(米)：X＝31257.455，Y＝53306.090

(2) 选择测点点号定位成图法

移动鼠标至屏幕右侧菜单区，单击“坐标定位”，再在弹出的下拉菜单中单击“点号定位”，弹出如图 3-8 所示对话框，输入点号坐标数据文件名“\CASS70\DEMO\STUDY. DAT”，单击“打开”按钮，命令区提示：

读点完成！共读入 106 个点。而屏幕右侧菜单区显示“点号定位”菜单。

图 3-8 选择点号定位坐标数据文件

(3) 展绘测点

单击“绘图处理”,弹出下拉菜单,选择“展野外测点点号”选项,按左键,弹出“绘图比例尺 1∶〈500〉”框,输入绘图比例尺分母如 500,按回车键。弹出如图 3-7 所示“输入坐标数据文件名”对话框,在对话框文件名(N)栏内输入对应的坐标数据文件名,如软件自带学习文件“\CASS70\DEMO\STUDY. DAT”,单击“打开”按钮,便在屏幕上展出野外测点的点号,如图 3-9 所示。

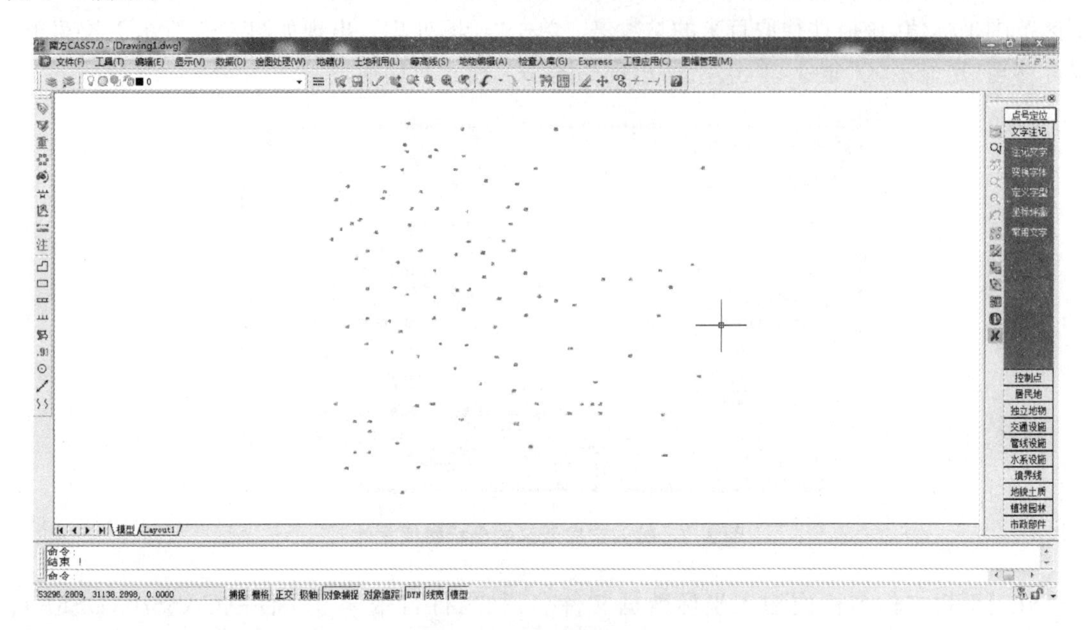

图 3-9 展绘测点点号

(4) 绘制平面图

绘制平面图可灵活使用工具栏中的缩放工具进行局部放大,以方便绘图。下面通过几个实例,说明绘制地形图的方法。

① 绘制道路:先把屏幕放大,选择屏幕右侧菜单“交通设施/公路”命令,弹出如图 3-10 所示界面。

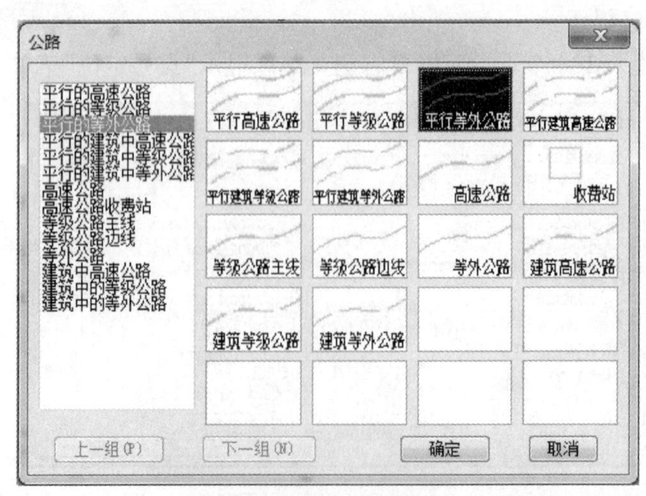

图 3-10 选择屏幕菜单“交通设施/公路”

找到“平行的等外公路”选项并单击选中，再点击“确定”按钮，命令区提示：

鼠标定点 P/〈点号〉输入 92，回车。

曲线 Q/边长交会 B/跟踪 T/区间跟踪 N/垂直距离 Z/平行线 X/两边距离 L/点 P/〈点号〉输入 45，回车。

曲线 Q/边长交会 B/跟踪 T/区间跟踪 N/垂直距离 Z/平行线 X/两边距离 L/隔一点 J/微导线 A/延伸 E/插点 I/回退 U/换向 H 点 P/〈点号〉输入 46，回车。

曲线 Q/边长交会 B/跟踪 T/区间跟踪 N/垂直距离 Z/平行线 X/两边距离 L/闭合 C/隔一点 J/微导线 A/延伸 E/插点 I/回退 U/换向 H 点 P/〈点号〉输入 13，回车。

曲线 Q/边长交会 B/跟踪 T/区间跟踪 N/垂直距离 Z/平行线 X/两边距离 L/闭合 C/隔一闭合 G/隔一点 J/微导线 A/延伸 E/插点 I/回退 U/换向 H 点 P/〈点号〉输入 47，回车。

曲线 Q/边长交会 B/跟踪 T/区间跟踪 N/垂直距离 Z/平行线 X/两边距离 L/闭合 C/隔一闭合 G/隔一点 J/微导线 A/延伸 E/插点 I/回退 U/换向 H 点 P/〈点号〉输入 48，回车。

曲线 Q/边长交会 B/跟踪 T/区间跟踪 N/垂直距离 Z/平行线 X/两边距离 L/闭合 C/隔一闭合 G/隔一点 J/微导线 A/延伸 E/插点 I/回退 U/换向 H 点 P/〈点号〉回车。

拟合线〈N〉？输入 Y，回车。

说明：输入 Y，将该边拟合成光滑曲线；输入 N，则不拟合该线。

1. 边点式/2. 边宽式（按 ESC 键退出）：〈1〉输入 2，回车（默认 1）。

说明：选 1（缺省为 1）将要求输入公路对边上的一个测点；选 2 要求输入公路宽度。

请给出宽度(m)：〈+/左，-/右〉输入 19，回车。

这时，绘制好的平行等外公路如图 3-11 所示。

② 多点房屋

单击右侧屏幕菜单“居民地/一般房屋”命令，弹出图 3-12 所示界面。鼠标左键选择“多点砼房屋”，单击“确定”。命令区提示：

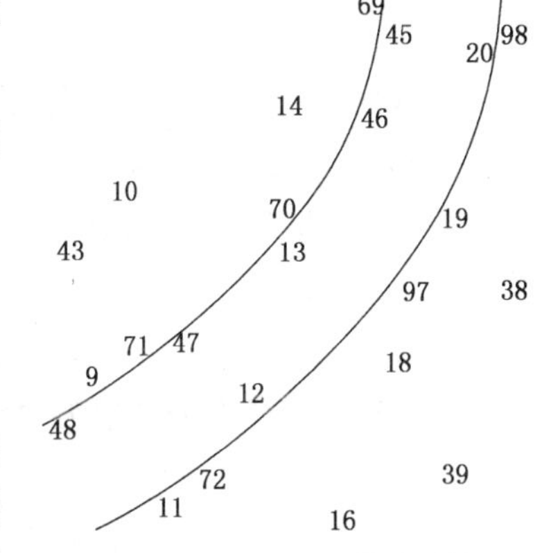

图 3-11　绘制平行等外公路

鼠标定点 P/〈点号〉输入 49，回车。

曲线 Q/边长交会 B/跟踪 T/区间跟踪 N/垂直距离 Z/平行线 X/两边距离 L/点 P/〈点号〉输入 50，回车。

曲线 Q/边长交会 B/跟踪 T/区间跟踪 N/垂直距离 Z/平行线 X/两边距离 L/隔一点 J/微导线 A/延伸 E/插点 I/回退 U/换向 H 点 P/〈点号〉输入 51，回车。

曲线 Q/边长交会 B/跟踪 T/区间跟踪 N/垂直距离 Z/平行线 X/两边距离 L/闭合 C/隔一闭合 G/隔一点 J/微导线 A/延伸 E/插点 I/回退 U/换向 H 点 P/〈点号〉输入 J，回车。

鼠标定点 P/〈点号〉输入 52，回车。

曲线 Q/边长交会 B/跟踪 T/区间跟踪 N/垂直距离 Z/平行线 X/两边距离 L/闭合 C/隔一闭合 G/隔一点 J/微导线 A/延伸 E/插点 I/回退 U/换向 H 点 P/〈点号〉输入 53，回车。

曲线 Q/边长交会 B/跟踪 T/区间跟踪 N/垂直距离 Z/平行线 X/两边距离 L/闭合 C/隔一闭合 G/隔一点 J/微导线 A/延伸 E/插点 I/回退 U/换向 H 点 P/〈点号〉输入 C,回车。

输入层数:〈1〉输入 1,回车(默认 1 层)。

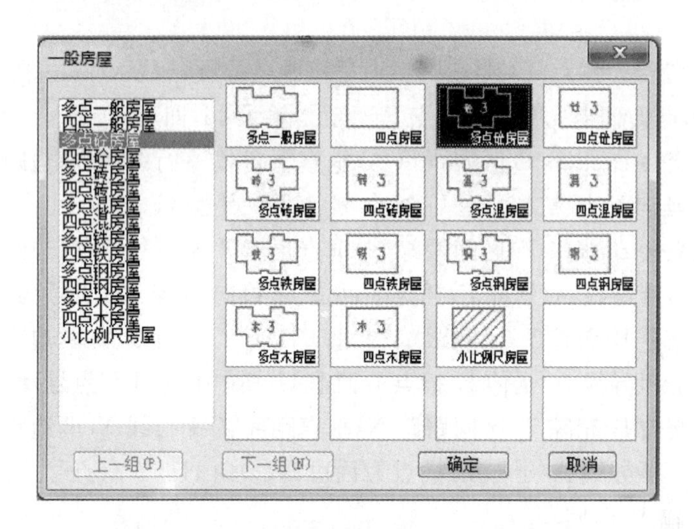

图 3-12　选择屏幕菜单“居民地/一般房屋”

按下列命令也可绘制房屋:

命令:dd

输入地物编码:〈141111〉回车。(默认 141111)

鼠标定点 P/〈点号〉输入 60,回车。

曲线 Q/边长交会 B/跟踪 T/区间跟踪 N/垂直距离 Z/平行线 X/两边距离 L/点 P/〈点号〉输入 61,回车。

曲线 Q/边长交会 B/跟踪 T/区间跟踪 N/垂直距离 Z/平行线 X/两边距离 L/隔一点 J/微导线 A/延伸 E/插点 I/回退 U/换向 H 点 P/〈点号〉输入 62,回车。

曲线 Q/边长交会 B/跟踪 T/区间跟踪 N/垂直距离 Z/平行线 X/两边距离 L/闭合 C/隔一闭合 G/隔一点 J/微导线 A/延伸 E/插点 I/回退 U/换向 H 点 P/〈点号〉输入 A,回车。

微导线-键盘输入角度(K)/〈指定方向点(只确定平行和垂直方向)〉用鼠标左键在 62 点的上侧一定距离处点一下。

距离〈m〉:输入 4.5,回车。

曲线 Q/边长交会 B/跟踪 T/区间跟踪 N/垂直距离 Z/平行线 X/两边距离 L/闭合 C/隔一闭合 G/隔一点 J/微导线 A/延伸 E/插点 I/回退 U/换向 H 点 P/〈点号〉输入 63,回车。

曲线 Q/边长交会 B/跟踪 T/区间跟踪 N/垂直距离 Z/平行线 X/两边距离 L/闭合 C/隔一闭合 G/隔一点 J/微导线 A/延伸 E/插点 I/回退 U/换向 H 点 P/〈点号〉输入 J,回车。

鼠标定点 P/〈点号〉输入 64,回车。

曲线 Q/边长交会 B/跟踪 T/区间跟踪 N/垂直距离 Z/平行线 X/两边距离 L/闭合 C/隔一闭合 G/隔一点 J/微导线 A/延伸 E/插点 I/回退 U/换向 H 点 P/〈点号〉输入 65,回车。

曲线Q/边长交会B/跟踪T/区间跟踪N/垂直距离Z/平行线X/两边距离L/闭合C/隔一闭合G/隔一点J/微导线A/延伸E/插点I/回退U/换向H点P/〈点号〉输入C,回车。

输入层数:〈1〉输入2,回车。

说明:“微导线”功能由用户输入当前点至下一点的左角角度值(单位为度)和距离值(单位为米),输入后将显示下一点及与当前点连线。在输入角度时若按K键,则表示选择输入角度,可直接输入左角;若直接用鼠标点击,只可确定垂直和平分方向。默认为选择角度。此功能适用于知道角度和距离但看不到点位,如房角点被树木或路灯等障碍物遮挡的情况。

绘制的两幢房屋如图3-13所示。

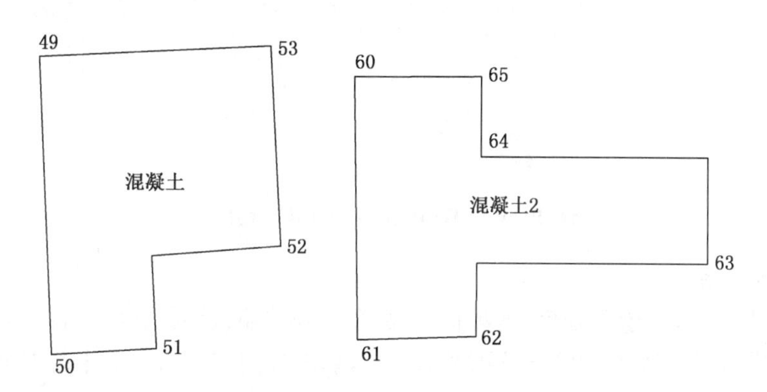

图3-13 绘制一般房屋

类似以上操作,可利用右侧屏幕菜单绘制其他地物。

在“居民地”菜单中,用3、39、16三点绘制2层砖结构四点房;用68、67、66绘制不拟合的依比例围墙;用76、77、78绘制四点房。

在“交通设施”菜单中,用86、87、88、89、90、91绘制拟合小路;用103、104、105、106绘制拟合的不依比例乡村路。

在“地貌土质”菜单中,用54、55、56、57绘制拟合的坎高为1 m的陡坎;用93、94、95、96绘制不拟合的坎高为1 m的加固陡坎。

在“独立地物”菜单中,用69、70、71、72、97、98分别绘制路灯;用73、74绘制宣传橱窗;用59绘制不依比例肥气池。

在“水系设施”菜单中,用79绘制水井。

在“管线设施”菜单中,用75、83、84、85绘制地面上的输电线。

在“植被园林”菜单中,用99、100、101、102分别绘制果树独立树;用58、80、81、82绘制菜地(第82点之后要求输入点号时直接回车),要求边界不拟合,并保留边界。

在“控制点”菜单中,用1、2、4分别生成埋石图根点,在提问“点名-等级:”时分别输入D121、D123、D135。

最后执行“编辑/删除/实体所在图层”命令,鼠标符号变成一个小方框,选中任意一个点号的数字注记,按左键,所展点的注记将被删除。

最后所绘平面图形如图3-14所示。

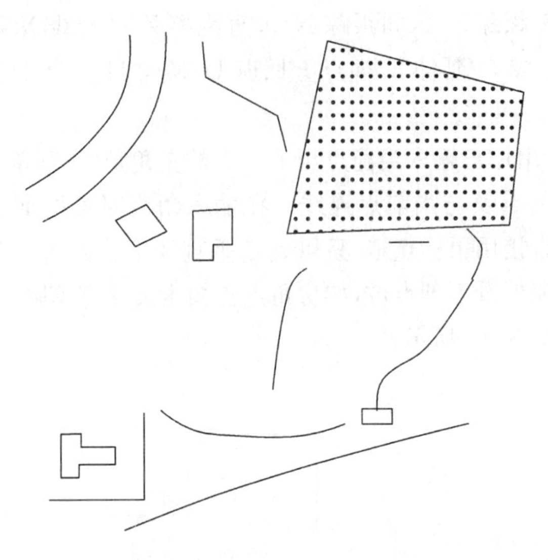

图 3-14 STUDY 文件的地物平面图

(5) 等高线绘制

① 展高程点。执行"绘图处理/展高程点"命令,弹出"输入坐标数据文件名"对话框,选取软件学习文件"\CASS70\DEMO\STUDY. DAT",单击"打开"按钮。命令区提示:

注记高程点的距离(米):直接回车(表示不对高程点注记进行取舍,全部展出)。

② 建立 DTM 模型。执行"等高线/建立 DTM"命令,弹出如图 3-15 所示"建立 DTM"对话框,点取"由数据文件生成"及"显示建三角网结果"按钮,并输入数据文件名"\CASS70\DEMO\STUDY. DAT",单击"确定"按钮。

说明:可根据需要选择"建模过程考虑陡坎"(默认不考虑)。

若选择"建模过程考虑地性线",则应预先绘制地性线(地性线应过测点,如不选则表示没有地性线)。

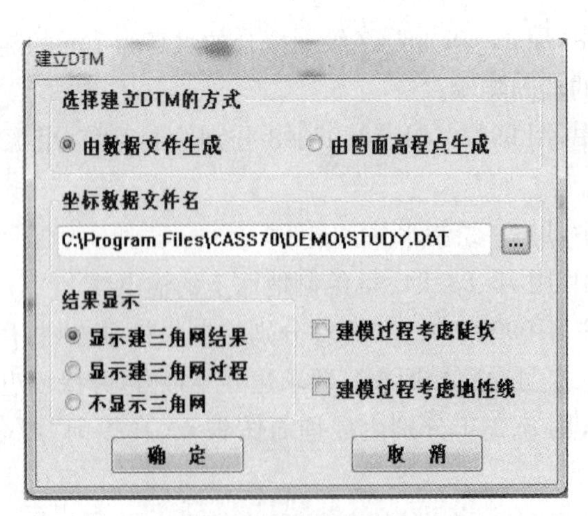

图 3-15 "建立 DTM"对话框

这样屏幕左侧区域所展高程点连接成三角形,其他点在"STUDY. DAT"数据文件里的高程为 0，不参与建立三角网，结果如图 3-16 所示。

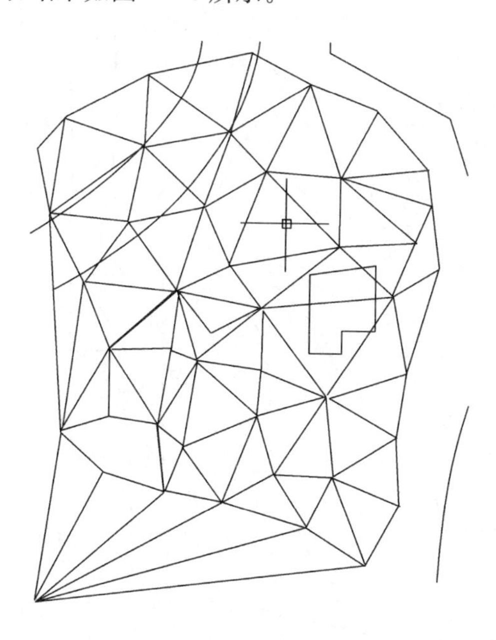

图 3-16 建立 DTM 模型

③ 绘等高线。单击"等高线/绘制等高线"命令，显示如图 3-17 所示"绘制等值线"对话框。

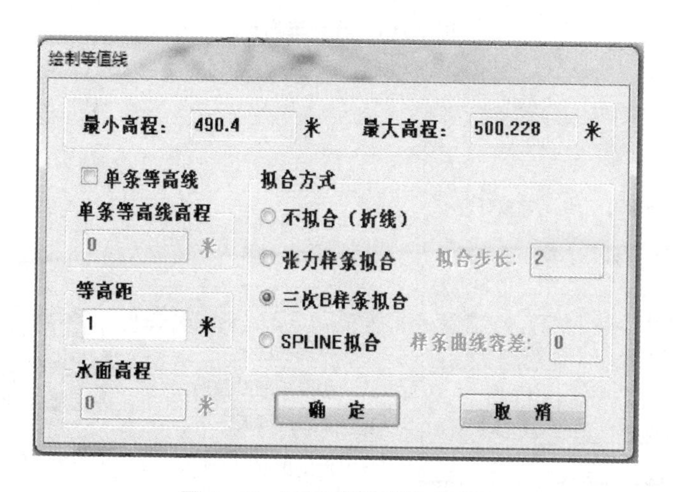

图 3-17 "绘制等值线"对话框

对话框中显示文件中最小高程 490.4 米，最大高程 500.228 米，输入等高距 1 米；选择拟合方式"三次 B 样条拟合"，单击"确定"按钮。

系统立即绘出等高线，再执行"等高线/删三角网"命令，屏幕显示如图 3-18 所示。

④ 修剪等高线。执行"等高线修剪/批量修剪等高线"命令，弹出如图 3-19 所示"等高线修剪"对话框。点取"建筑物""依比例围墙""坡坎"以及"控制点注记"复选框；点取"消隐"或"修剪"按钮，选择"高程注记""独立符号""文字注记"复选框，单击"确定"按钮，系统自动搜寻穿过上述地物符号或注记的等高线，并根据选择切除或隐藏。

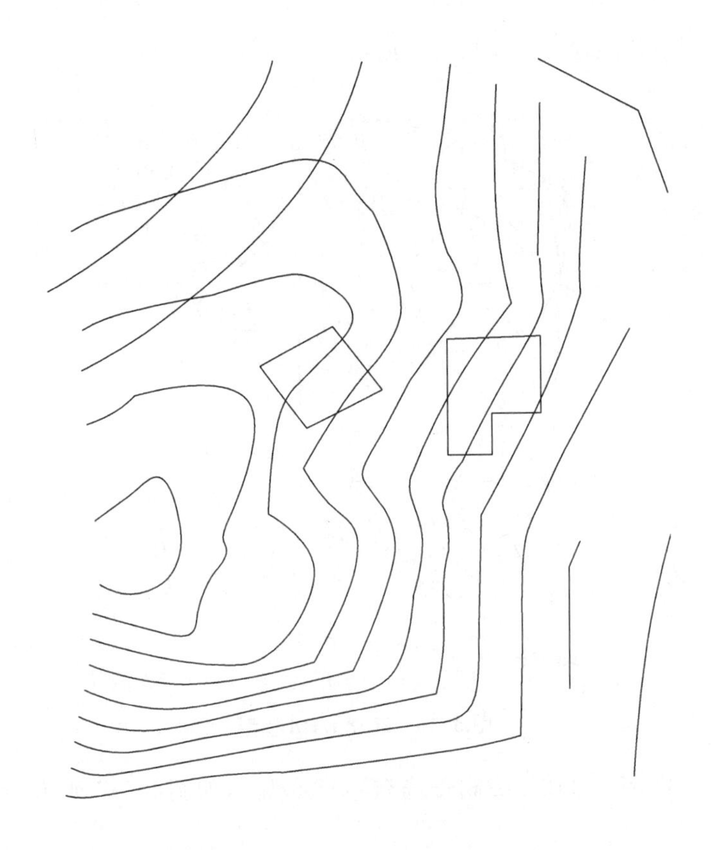

图 3-18 绘制等高线

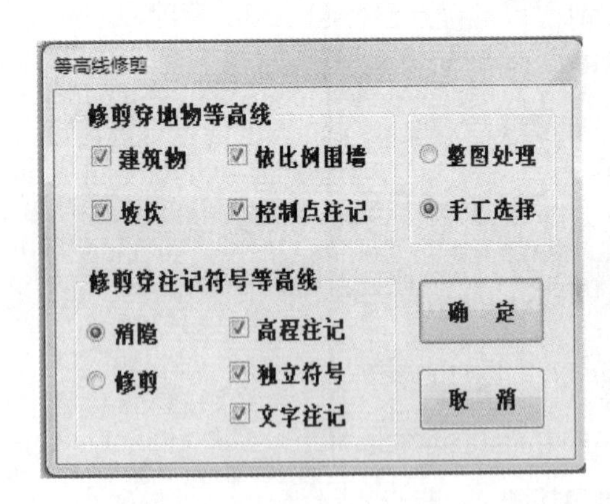

图 3-19 批量修剪等高线对话框

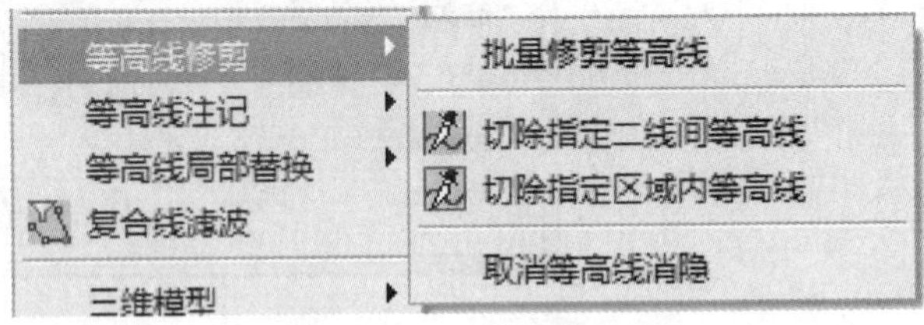

图 3-20 等高线修剪菜单

执行“等高线修剪/切除指定二线间等高线”命令，如图 3-20 所示。鼠标变成小方框，依命令区提示用鼠标选取左上角道路两条边线，软件自动切除等高线穿过道路的部分。

单击“等高线修剪/切除指定区域内等高线”命令，命令区显示“选择要切除等高线的封闭复合线：”，同时鼠标变成小方框，鼠标选取之前绘制的房屋边线，系统自动搜寻穿过建筑物的等高线并进行修剪。以上两种方法适合地形编辑时个别等高线处理。

执行“等高线/取消等高线消隐”命令，鼠标点取注记或符号，可使消隐的等高线重新显示。

(6) 添加注记

单击屏幕菜单"文字注记/注记文字"命令，弹出如图 3-21 所示"文字注记信息"对话框。在"注记内容"文本框中输入注记文字；在"图面文字大小"中输入文字高度(默认 3 毫米)；并选择注记排列方式和注记类型；单击"确定"按钮。如注记排列为"水平字列"或"垂直字列"，要求输入坐标或用鼠标点选注记位置，则生成以该位置为中心的水平或垂直排列文字；若选择"雁行字列"，则点选起、终点位置，在两点之间生成雁行文字；若选择"屈曲字列"，则应事先绘制一条曲线，然后选择该曲线，生成屈曲排列文字。

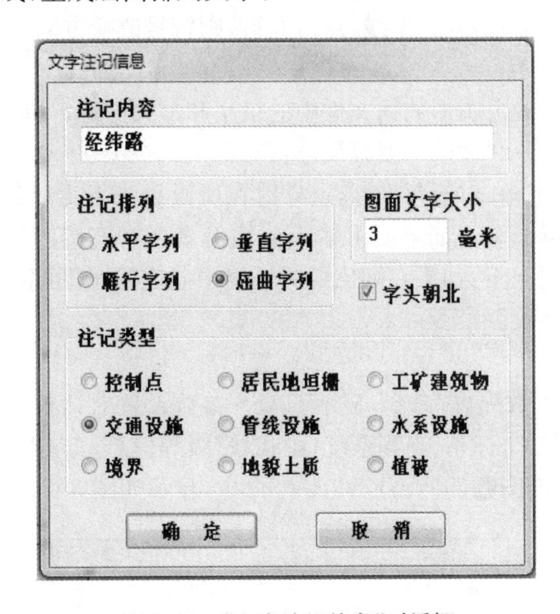

图 3-21 "文字注记信息"对话框

3) 编辑与整饰

数字测图中，由于地物、地貌的复杂性和测量人员的熟练程度差异，错测、漏测难以避免；另一方面，为满足地形图图式符号要求，也应对计算机所绘图形进行编辑。此外，大比例尺数字地形图的更新，更需要借助人机交互图形编辑，根据实测坐标和实地变化，随时对地物地貌进行增删和修改，以保证地形图的真实性。

图形编辑一般分为两类，一类为基本编辑，即图形要素的删除、断开、延伸、修剪、移动、旋转、比例缩放、复制等，可直接调用 CAD 的编辑功能；另一类为 CASS 软件专业编辑功能，如图形重构、比例尺变换、线型换向、植被填充、土质填充、批量删剪、批量缩放、窗口内图形存盘、多边形内图形存盘等。

(1) 图形重构

CASS 7.0 中的复杂地物主线都是具有独立编码的骨架线。用鼠标左键点取骨架线，再点取显示为蓝色方框的节点使其变红，移动至其他位置，或者将骨架线移动位置。

单击菜单"地物编辑/重新生成"命令，命令区提示"选择需重构的实体:〈重构所有实体〉"，回车表示对所有实体进行重构。

(2) 改变比例尺

打开一个已有图形文件，如"CASS7.0\DEMO\STUDY.DWG"。单击"绘图处理\改变当前图形比例尺”命令，命令区提示当前比例尺为1∶500，要求输入新比例尺，输入1 000。命令区提示“是否自动改变符号大小？(1)是(2)否〈1〉”，直接回车。则屏幕显示的图形转变为1∶1 000的比例尺，各种符号注记都按图式要求进行转变。

(3) 线型换向

图形中的陡坎、斜坡、栅栏、依比例围墙等符号都是具有方向性的线状符号，如果绘图时的方向与实际相反，可通过线型换向命令改正。

单击“地物编辑/线型换向”命令，命令区提示“请选择实体”，将转换为小方框的鼠标光标移至需要换向的地物(如陡坎)的骨架线，点击左键，则符号改变方向。

(4) 图形分幅

图形分幅前，首先应确定图形数据文件中的最小和最大坐标。单击“绘图处理/批量分幅/建方格网”命令，命令区提示“请选择图幅尺寸：(1)50＊50(2)50＊40(3)自定义尺寸〈1〉”直接回车。接着输入测区左下角、右上角坐标，这样就在所设目录下生成各个分幅图，自动以各分幅图的西南角 x、y 坐标命名。如果要求输入分幅目录名时直接回车，则分幅图保存在安装CASS 7.0的驱动器根目录下；如果在弹出的对话框中确定输出图幅的存储目录名，则将图形批量输出至指定目录。

(5) 图幅整饰

单击“文件/CASS参数配置”命令，显示CASS参数设置对话框。选择“图框设置”选项，输入测绘单位、成图日期、坐标系、高程系统、图式、密级等信息，点击“确认”按钮。

单击“绘图处理/标准图幅(50 cm×50 cm)”命令，显示如图3-22所示对话框。

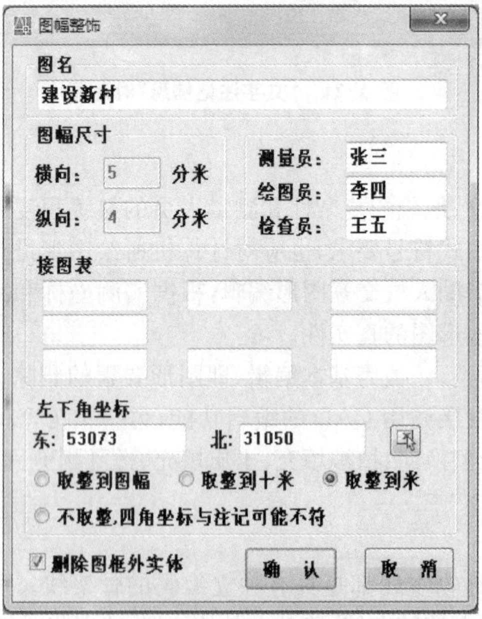

图3-22　输入图幅信息

输入图名、接图表、测量员、绘图员、检查员；左下角坐标的东、北栏内输入相应 y、x 坐标；在“删除图框外实体”前打钩；最后单击“确认”按钮，屏幕显示如图3-23所示。

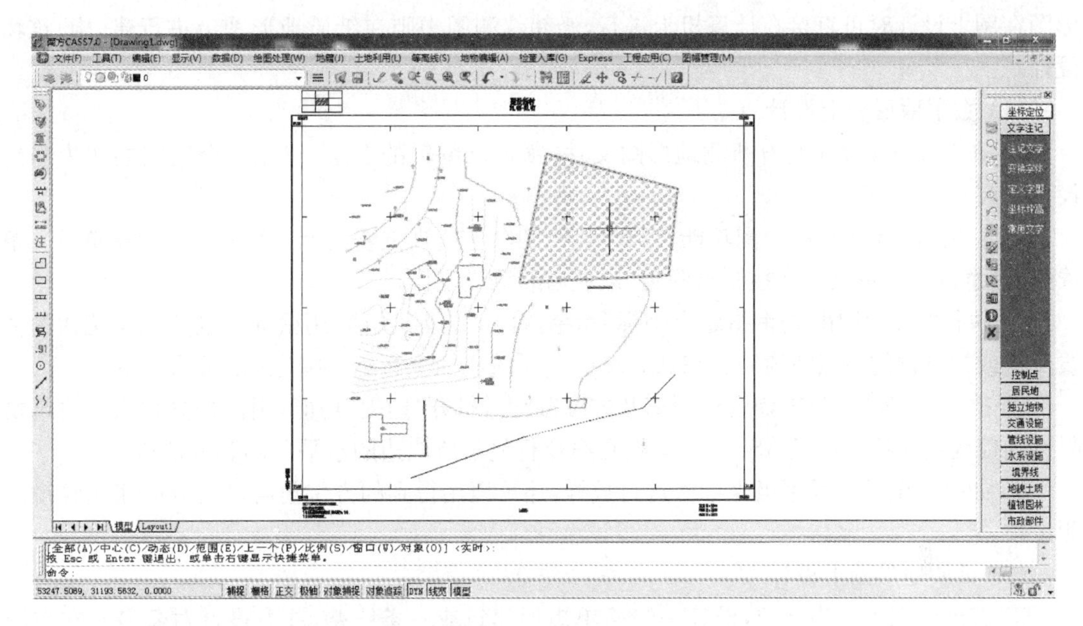

图 3-23 添加图框

4）图形输出

直接调用 AutoCAD 的相应功能，选择“文件/绘图输出”命令，进入打印对话框。在对话框中首先设置打印机/绘图仪，然后设置图纸尺寸，接着设置或选择打印区域，最后确定打印比例尺。详细操作参照软件使用手册。

3.5.4 质量检查

地形图的质量检查包括：图面检查、野外巡视、设站检查。图面检查主要查看图面是否符合规范要求，有无明显逻辑错误；野外巡视主要检查是否有漏测、错测地物，地貌表示是否符合实际；设站检查主要查看碎部点的空间位置精度是否符合技术规范要求。如果漏测错测比例过高，或者碎部点精度达不到技术设计书要求，需要采取补救措施，问题严重的需要重测。

3.6 测设及断面测量

3.6.1 建（构）筑物轴线交点测设

1）图上设计

地形测绘完成并得到合格地形图后，就可以在地形图的适当位置设计一幢简单建筑物或构筑物，图解建筑物轴线交点或构筑物主点坐标，计算测设数据后即可实施放样。利用数字地形图在图上设计时可直接在计算机上进行，经纬仪测图中则在纸质地形图上进行建(构)筑物设计。

(1) 数字地形图上设计

① 在 CASS 7.0 中打开所测地形图文件，锁定已编辑的图层，建立一个新图层作为当前设计图层。

② 利用 AutoCAD 的绘图功能在屏幕显示的图上适当位置设计一幢简单矩形建筑或一条线路，注意设计对象最好在控制点附近，以便后续测设工作。

③ 执行"工程应用/查询指定点坐标"命令，打开"捕捉"功能，用鼠标分别点取建筑物的轴线交点或构筑物的主点或道路交点，CASS 7.0 系统在命令行给出指定点的测量坐标。

④ 执行"工程应用/查询两点距离及方位"命令，打开"捕捉"功能，用鼠标分别点取建筑物附近的控制点和特征点，CASS 7.0 系统在命令行显示所取边的水平距离和方位角。

⑤ 如果用全站仪采用极坐标法进行放样，还可以用得到的方位角与已知方向相比较得出测设角。

(2) 纸质地形图上设计

① 在地形图上适当部位，设计一幢简单矩形建筑或一条线路，注意设计对象最好在控制点附近，以便后续测设工作。

② 在地形图上量出建筑物的轴线交点或构筑物的主点坐标。

③ 利用控制点坐标，以及图解得到的建筑物轴线交点或构筑物主点坐标计算测设数据。控制点 A 与测设点 P 的距离及方位角按下式计算：

$$D_{AP}=\sqrt{\Delta x_{AP}^2+\Delta y_{AP}^2}=\sqrt{(x_P-x_A)^2+(y_P-y_A)^2} \tag{3-28}$$

$$\begin{cases}\alpha_{AP}=\arctan(\Delta y_{AP}/\Delta x_{AP}) & \Delta x_{AP}>0,\Delta y_{AP}>0\\ \alpha_{AP}=180^\circ+\arctan(\Delta y_{AP}/\Delta x_{AP}) & \Delta x_{AP}<0\\ \alpha_{AP}=360^\circ+\arctan(\Delta y_{AP}/\Delta x_{AP}) & \Delta x_{AP}>0,\Delta y_{AP}<0\end{cases} \tag{3-29}$$

2) 建(构)筑物或线路的实地测设

利用全站仪测设点的平面位置，有关控制点及测设点的坐标数据传输以及测设方法，请参见实验 2.18 及实验 2.24。

用经纬仪及钢尺按极坐标法测设点的平面位置，请参见实验 2.22。

3.6.2 路线曲线中桩坐标计算与放样

在本组所测地形图上或教师指定的其他实习场地选定两条长约 150 m 的相交线段，以两线段作为直线段，相交点为线路交点。在两直线间设计一条圆曲线，并根据情况设计圆曲线半径。

(1) 交点测设

如在地形图上设计，在图上定出线路中线及交点位置，可根据中线附近的控制点或地物情况，采用极坐标法、距离交会法、方向交会法或穿线交点法测设出 A、JD、B 等点。测设数据可用图解法或解析法求得。

如在现场选点，可直接在场地上打出 A、JD、B 三点木桩。

（2）转点测设

如 JD 与 A、B 两点间不通视，应在 AJD 及 JDB 方向上设置转点。如通视则无须设置。

（3）转向角的测定

路线交点和转点定出后，可测出线路转向角，如图 3-24 所示。测定转向角 Δ，应先测出转折角 β，转折角一般测定路线前进方向的右角，可用 DJ6 经纬仪按测回法观测一测回。

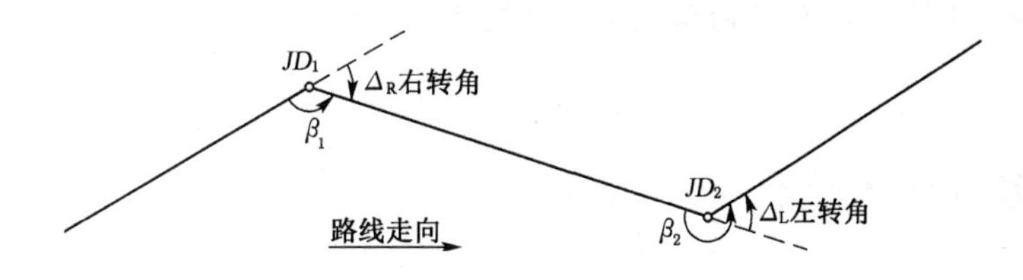

图 3-24　路线转向角

（4）中桩测设

设线路起点 A 的桩号为 0+000，从起点开始，用皮尺丈量，每隔 20 m 设置一个中桩，并量出 JD 桩号。

（5）圆曲线主点测设元素计算

根据圆曲线设计半径 R 和测得的转向角 α，计算出圆曲线的主点测设元素，即切线长 T、曲线长 L、外矢距 E 和切曲差 q。

（6）主点桩号计算

根据交点桩号计算圆曲线主点，即直圆点 ZY、曲中点 QZ、圆直点 YZ 的桩号。

（7）圆曲线主点测设

根据主点测设元素，在 JD 安置经纬仪，测设圆曲线各主点。

（8）圆曲线细部点测设

测设出圆曲线主点后，可测设出圆曲线整桩(整 20 m)。

圆曲线测设可采用偏角法、切线支距法、弦线支距法等。

3.6.3　纵横断面测量

在上述线路测设基础上进行断面测量。

（1）纵断面测量

纵断面测量采用水准测量方法，从一个已知高程点出发，逐个施测各中桩地面高程，最后附合至另一已知高程点。

观测中前、后视读数读至 mm，中间视可读至 cm，高差闭合差限差 $f_{h容}$ 为 $\pm 50\sqrt{L}$ mm，L 为路线长度，以 km 计。

当高差闭合差 $f_h \leqslant f_{h容}$ 时，可不调整闭合差，直接计算中桩高程至 cm。

（2）纵断面图绘制

根据测得的各中桩高程，绘制纵断面图。

纵断面图水平距离比例尺取 1∶2 000，高程比例尺取 1∶200。

(3) 横断面测量

在横向坡度变化较大处,选 3～5 个中桩位置,进行横断面测量。

横断面方向可用方向架测定,左右两侧各测 20 m 距离,在坡度变化处立尺,用水准仪后视中桩点,前视其他点,测出各点高程,用皮尺量取距离,读数及高程取至 cm。

(4) 横断面图绘制

根据所测横断面各点高程,绘制横断面图。

横断面图的水平距离比例尺和高程比例尺均取 1∶200。

3.7 测量实习技术总结

测量实习是测量课程结束后的一项综合性实践活动,它既是对测量课堂教学的巩固和深化,也是今后实际测量工作的一次预演。除保质保量完成前述各项实习工作外,撰写实习技术总结报告也是不可缺少的重要一环。它对于培养学生在今后的工作中撰写工作报告或技术总结有着十分重要的作用,是培养学生实际工作能力的重要环节,因此必须重视技术总结报告的撰写。

3.7.1 测量实习技术总结报告的撰写

实习结束后,每个同学均应撰写并提交《实习技术总结报告》,其内容包括:

(1) 实习项目名称、任务来源、施测目的与精度要求。

(2) 测区位置与范围,测区环境及条件。

(3) 测区已有的控制点情况及选点、埋石情况。

(4) 施测技术依据及规范。

(5) 施测仪器、设备类型、数量及检验结果。

(6) 施测组织、作业时间安排、技术要求及作业人员情况。

(7) 仪器准备及检校情况。

(8) 外业观测记录。

(9) 观测数据检核的内容、方法,以及重测、补测情况,实习中发生或存在的问题说明。

(10) 图根控制点展点图。

(11) 数字成果选用的软件及结果分析。

(12) 建(构)筑物或路线等的图上设计。

(13) 测设方案及测设数据的准备与计算。

(14) 测设成果检核数据。

(15) 成果中存在的问题及需要说明的其他问题。

(16) 测量教学实习中的心得体会。

(17) 对测量教学实习实施的意见和建议。

3.7.2 上交实习成果

实习成果分小组成果和个人成果,实习结束后应分别上交。

小组成果包括:

(1) 测量任务书及技术设计书。

(2) 控制点展点图。

(3) 控制点点之记。

(4) 观测计划。

(5) 仪器检校记录表。

(6) 外业观测记录,包括测量手簿、原始观测数据。

(7) 外业观测数据的处理及成果。

(8) 内页成图生成的图纸、成果表和磁盘文件或经过整饰的地形图。

(9) 测设方案实施报告。

(10) 成果检查报告。

个人成果包括《测量实习技术总结报告》。

3.7.3 成绩评定

实习考核由实习指导教师根据每组及每人所提交实习成果的质量、实习期间的表现(包括出勤情况)、实习考查成绩、实习纪律、仪器完好情况等综合评定,按优、良、中、及格、不及格五分制评定成绩。

4 测量计算中的有效数字

所有测量成果都是通过计算求得的。计算过程中，一般都存在数字凑整问题，如果参与计算的数据位数取少了，就会损害外业成果的精度，并影响计算结果的应有精度；如果位数取多了，就会增加不必要的计算工作量。究竟如何取位，取多少位，这就是测量计算中的有效数字问题。

1）凑整误差及凑整规则

因数字取舍而引起的误差，称为“凑整误差”，其大小等于凑整值减去精确值。假如某角度4测回观测值的算术平均值为65°32′18.4″，若凑整为65°32′18″，则凑整误差为−0.4″。

为削弱凑整误差对测量成果精度的影响，在计算中常采用如下凑整规则，它与习惯上的“四舍五入”规则基本相同。

(1) 若数值中被舍去部分的数值，大于所保留末位的0.5倍，则末位加1。

(2) 若数值中被舍去部分的数值，小于所保留末位的0.5倍，则末位不变。

(3) 若数值中被舍去部分的数值，等于所保留末位的0.5倍，则末位凑整成偶数。

【例4.1】 将下列数字凑整至小数点后三位。

原数字	凑整后数字
3.14159	3.142
2.71828	2.718
4.51750	4.518
3.21450	3.214

2）有效数字概念

例如，由厘米区格水准标尺读出的读数为1 536 mm，其中前3位数153是根据尺上数字注记及区格数读取的，称为可靠数字，最后1位是根据中丝在区格中的位置估计出来的，称为可疑数字。这种把全部可靠数字加一位可疑数字统称为测量结果的有效数字。有效数字的最后一位虽然可疑，存在误差，但也在一定程度上反映了客观实际，也应列为有效数字，如精密水准尺读数1.583 45 m，有效数字为6位。

3）有效数字的运算规则

有效数字的正确运算关系到计算结果的正确表达，由于运算方式不同，运算规则也不相同。

(1) 四则运算

① 加减运算

设有4个数字相加：$60.\underline{4}+2.0\underline{2}+0.22\underline{2}+0.046\underline{7}=62.\underline{6887}$。其中带下划线数字为可

疑数字，从这个算式可以看出，由于第一个被加数的十分位已含误差，因此和最多能保留到十分位，结果中的百分位、千分位不必保留。减法情形亦类似。

由此得出规则：加减时，参与运算的各项中，最后一位最靠前的位数，就是计算结果的保留位数。

② 乘除运算

【例 4.2】 $4.178\times10.1=$

$$
\begin{array}{r}
4.17\underline{8}\\
\times\ 10.\underline{1}\\
\hline
417\underline{8}\\
000\underline{0}\ \\
4\,17\underline{8}\ \ \\
\hline
4\,2.\underline{1978}
\end{array}
$$

取 $4.17\underline{8}\times10.\underline{1}=42.\underline{2}$

【例 4.3】 $48\,21\,\underline{6}\div12\,\underline{3}=$

$$
\begin{array}{r}
392\\
12\underline{3}\,\overline{)\,4821\underline{6}}\\
36\underline{9}\ \ \\
\hline
11\underline{3}1\ \\
110\underline{7}\ \\
\hline
246\\
246\\
\hline
0
\end{array}
$$

取 $4821\,\underline{6}\div12\underline{3}=39\underline{2}$

计算结果的有效数字位，与参与运算的各项中有效数字位数最少的数字位相同。

(2) 函数运算

测量计算中常用到有效数字的幂运算、对数运算、三角函数运算，这类函数运算的有效数位需根据误差传播定律来确定。

【例 4.4】 已知 $x=56.7$，$y=\ln x$，求 y。

因为 x 的误差位在十分位，故取 $dx\approx0.1$

根据误差传播定律 $dy=(\ln x)'\times dx$ 估计 y 的误差位，有 $dy=(x^{-1})\times dx\approx0.002$

说明 y 的误差位在千分位，故 $y=\ln56.7=4.038$

【例 4.5】 已知 $\alpha=8°32'$，$y=\sin\alpha$，求 y。

因为 α 的误差位在分位，取 $d\alpha=1'\approx0.000\,29$

$dy=\cos\alpha\times d\alpha\approx0.000\,3$

因此 $y=\sin8°32'=0.148\,4$

综上所述，函数运算的有效数字规则：计算 $y=f(x)$ 时，取 dx 为 x 的最后一位的数量级，然后应用误差传播定律 $dy=f'(x)\times dx$ 确定函数的误差位，最后用函数计算 y 值。

参考文献

[1] 覃辉，伍鑫. 土木工程测量[M]. 4 版. 上海：同济大学出版社，2013.

[2] 陈丽华. 测量实验与实习[M]. 杭州：浙江大学出版社，2014.

[3] 李晓莉. 测量学实验与实习[M]. 北京：测绘出版社，2012.

[4] 中华人民共和国国家标准. 工程测量规范[S]. 北京：中国标准出版社，2008.

[5] 中华人民共和国国家标准. 国家三四等水准测量规范[S]. 北京：中国标准出版社，2009.

[6] 魏仲初. 土木工程实验教程[M]. 长沙：国防科技大学出版社，2005.

[7] 程效军，须鼎兴，刘春. 测量实习教程[M]. 上海：同济大学出版社，2013.

[8] 合肥工业大学、重庆建筑大学、天津大学、哈尔滨建筑大学合编. 测量学[M]. 4 版. 北京：中国建筑工业出版社，1995.

[9] 潘正风，杨德麟，黄全义，等. 大比例尺数字测图[M]. 北京：测绘出版社，1996.

[10] 广州南方测绘仪器有限公司. CASS2008 参考手册[Z].